森林空间经营规划

——碳汇+木材生产

董灵波 著

中国林业出版社

图书在版编目(CIP)数据

森林空间经营规划：碳汇+木材生产/董灵波著.—北京：中国林业出版社，2021.7
ISBN 978-7-5219-1281-4

Ⅰ.①森… Ⅱ.①董… Ⅲ.①森林-二氧化碳-资源管理-研究-中国②木材采运-研究-中国 Ⅳ.①S718.5②S782

中国版本图书馆 CIP 数据核字(2021)第 144596 号

出版发行	中国林业出版社(100009　北京市西城区德内大街刘海胡同7号)
	E-mail：36132881@qq.com　电话：(010)83143545
	http://www.forestry.gov.cn//lycb.html
印　刷	三河市双升印务有限公司
版　次	2021年7月第1版
印　次	2021年7月第1次印刷
开　本	710mm×1000mm　1/16
印　张	13.5
字　数	246千字
定　价	80.00元

未经许可，不得以任何方式复制或抄袭本书之部分或全部内容。
版权所有　侵权必究

前　言

森林能够为人类社会提供一系列的经济、生态和社会效益，但长期以来，许多国家的森林经营政策往往只关注森林的木材生产功能，而忽略了森林生态系统所能提供的其他生态和社会效益。因此，如何在传统的木材生产规划模型中加入更多、更有价值的生态服务功能，一直是国内外学者的研究热点和难点。但很多的生态系统服务功能均与森林的景观结构密切相关，因此在具体的森林采伐作业中应考虑各种经营措施的时空配置问题。随着全球气候的持续变化，特别是随着《巴黎协定》的正式生效和我国2060年碳中和愿景的提出，森林在缓解气候变化方面的作用正受到越来越多的重视。因此，开展森林碳汇和木材生产的复合经营研究对实现我国森林可持续发展具有重要意义。

本书以森林空间经营决策为切入点，系统研究了模拟退火算法的参数敏感性及其性能提升策略，并以大兴安岭塔河林业局盘古林场为例，系统评价了不同约束、规划周期、经营策略和经济参数对森林碳汇木材复合经营决策的影响，为我国经营单位尺度森林多功能经营提供了理论依据和技术支撑。全书共分三篇12章。第一篇为研究基础。其中，第1章为绪论，系统评述了国内外森林碳储量和经营规划方面的研究进展和存在问题；第2章为研究概况与数据收集，详细介绍了研究区域自然、气候、土壤和植被特征以及研究所用到的二类调查数据。第二篇为优化算法性能提升。其中，第3章为森林空间经营理论基础，介绍了空间经营规划中邻接关系的定义、规划模型分类、常用空间约束形式以及模拟退火算法基本原理；第4章为模拟退火算法参数敏感性，介绍了不同邻域搜索的参数敏感性及其最佳参数估计方法；第5章为模拟退火算法邻域搜索技术评价，介绍了不同邻域产生策略的优缺点及其在空间经营规划中的应用；第6章为模拟退火算法逆转搜索技术评价，在邻域搜索基础上引入了逆转策略，并评估了邻域和逆转搜索的优劣。第三篇为碳汇木材复合经营决策。其中，第7章量化了不同空间约束形式对经营决策的影响；第8章构建了经营单位尺度碳汇木材复合经营规划模型及其优

前 言

化求解技术;第9章系统评估了不同碳价格对碳汇木材复合经营的影响;第10章比较了不同经济、政策和资源约束对碳汇木材复合经营的影响;第11章则评估了我国不同历史时期4种经营策略对碳汇木材复合经营的影响;第12章则从特定经营背景下最大化碳汇角度出发,提出了一种经营单位尺度内部最优碳价格估计方法。

在研究过程中,大兴安岭塔河林业局盘古林场为课题野外调查、数据收集提供了大量协助;作为本人在美国访学期间的合作导师,美国佐治亚大学林业与自然资源学院 Pete Bettinger 教授对本项目的顺利实施提供了大量指导和帮助。此外,在本书编写过程中还得到了团队研究生孙云霞、唐亚茹、马榕、郭新月等人的协助。在此,对以上单位和人员表示真诚的感谢。

本书由国家自然科学基金项目(3217140069、31700562)、国家重点研发计划课题(2017YFC0504103)共同资助出版。

尽信书,则不如无书。森林经营规划是一个复杂的研究领域,要求从事者对森林经营、林业经济、计算机科学等均具有较好的知识背景。本书所反映的内容仍属阶段性成果,尚需在具体的科学研究和森林经营实践中接受检验和优化。同时,由于作者水平有限,书中不足之处难以避免,殷切期盼有关专家和读者批评指正。

著 者

2020 年 12 月

目 录

前 言

第一篇 研究基础

第1章 绪 论 (3)
- 1.1 研究背景 (3)
- 1.2 森林碳储量研究现状 (4)
  - 1.2.1 国家或区域尺度 (4)
  - 1.2.2 林分尺度 (12)
  - 1.2.3 单木尺度 (19)
  - 1.2.4 经营措施影响 (22)
- 1.3 森林经营规划研究现状 (25)
  - 1.3.1 森林多目标规划基本问题 (26)
  - 1.3.2 森林多目标规划模型 (30)
  - 1.3.3 森林多目标规划模型求解算法 (41)
  - 1.3.4 森林碳目标的规划研究现状 (49)

第2章 研究区概况与数据收集 (51)
- 2.1 研究区概况 (51)
  - 2.1.1 自然条件 (51)
  - 2.1.2 森林资源概况 (51)
  - 2.1.3 森林经营历史 (52)
- 2.2 数据收集 (53)

第二篇 优化算法性能提升

第3章 森林空间经营理论基础 (57)

目 录

- 3.1 森林规划问题中相关名词定义 (57)
- 3.2 空间邻接关系 (58)
- 3.3 规划模型分类 (59)
  - 3.3.1 模型Ⅰ (59)
  - 3.3.2 模型Ⅱ (60)
  - 3.3.3 模型Ⅲ (60)
- 3.4 空间规划模型 (61)
  - 3.4.1 单位限制模型 (61)
  - 3.4.2 面积限制模型 (62)
  - 3.4.3 其他模型 (63)
- 3.5 模拟退火算法原理 (64)

第4章 模拟退火算法参数敏感性 (67)

- 4.1 材料与方法 (69)
  - 4.1.1 规划模型 (69)
  - 4.1.2 模拟数据 (70)
  - 4.1.3 搜索算法 (71)
  - 4.1.4 模拟参数 (71)
- 4.2 结果与分析 (74)
  - 4.2.1 参数敏感性 (74)
  - 4.2.2 最优参数值敏感性 (81)
  - 4.2.3 求解效率敏感性 (82)
  - 4.2.4 应用案例 (83)
- 4.3 讨论与结论 (84)
  - 4.3.1 讨 论 (84)
  - 4.3.2 结 论 (85)

第5章 模拟退火算法邻域搜索技术评价 (86)

- 5.1 材料与方法 (87)
  - 5.1.1 研究数据 (87)
  - 5.1.2 森林空间收获问题 (88)
  - 5.1.3 邻域搜索 (90)
- 5.2 结果与分析 (91)
  - 5.2.1 目标函数值 (91)
  - 5.2.2 各分期收获量 (91)

5.2.3　优化时间 ………………………………………………………… (94)
　5.3　讨论与结论 ………………………………………………………… (95)
第 6 章　模拟退火算法逆转搜索技术评价 ………………………………… (97)
　6.1　材料与方法 ………………………………………………………… (98)
　　6.1.1　经营措施 ………………………………………………………… (98)
　　6.1.2　空间规划模型 …………………………………………………… (99)
　　6.1.3　逆转搜索 ………………………………………………………… (101)
　6.2　结果与分析 ………………………………………………………… (102)
　　6.2.1　不同搜索方案性能评价 ………………………………………… (102)
　　6.2.2　不同搜索方案迭代过程 ………………………………………… (103)
　　6.2.3　不同搜索方案的最优解 ………………………………………… (104)
　6.3　讨论与结论 ………………………………………………………… (106)
　　6.3.1　讨　论 …………………………………………………………… (106)
　　6.3.2　结　论 …………………………………………………………… (108)

第三篇　碳汇木材复合经营决策

第 7 章　空间约束对森林经营规划的影响 ………………………………… (111)
　7.1　材料与方法 ………………………………………………………… (112)
　　7.1.1　森林规划模型 …………………………………………………… (112)
　　7.1.2　算法参数设置 …………………………………………………… (115)
　　7.1.3　统计分析 ………………………………………………………… (116)
　7.2　结果与分析 ………………………………………………………… (116)
　　7.2.1　优化结果 ………………………………………………………… (116)
　　7.2.2　迭代过程 ………………………………………………………… (117)
　　7.2.3　最优经营方案 …………………………………………………… (118)
　7.3　讨论与结论 ………………………………………………………… (118)
第 8 章　大兴安岭盘古林场森林碳汇木材复合经营规划 ……………… (121)
　8.1　材料与方法 ………………………………………………………… (122)
　　8.1.1　生长模拟 ………………………………………………………… (122)
　　8.1.2　规划模型 ………………………………………………………… (123)
　　8.1.3　优化算法 ………………………………………………………… (127)
　8.2　结果与分析 ………………………………………………………… (128)

目 录

  8.2.1 模拟退火算法搜索过程 …………………………………………（128）
  8.2.2 最优森林经营方案 ………………………………………………（129）
 8.3 讨论与结论 ……………………………………………………………（130）
  8.3.1 讨 论 ………………………………………………………（130）
  8.3.2 结 论 ………………………………………………………（132）

第9章 碳价格对森林空间经营规划的影响 ………………………（134）
 9.1 材料与方法 ……………………………………………………………（135）
  9.1.1 森林规划模型 ……………………………………………………（135）
  9.1.2 优化参数 …………………………………………………………（139）
 9.2 结果与分析 ……………………………………………………………（139）
  9.2.1 经济收益 …………………………………………………………（139）
  9.2.2 物质收获 …………………………………………………………（140）
  9.2.3 最适碳价格 ………………………………………………………（141）
  9.2.4 典型经营方案 ……………………………………………………（142）
 9.3 讨论与结论 ……………………………………………………………（144）
  9.3.1 讨 论 ………………………………………………………（144）
  9.3.2 结 论 ………………………………………………………（145）

第10章 约束形式对森林空间经营决策的影响 ………………………（146）
 10.1 材料与方法 …………………………………………………………（147）
  10.1.1 木材生产目标 …………………………………………………（147）
  10.1.2 碳汇目标 ………………………………………………………（149）
  10.1.3 目标函数 ………………………………………………………（150）
  10.1.4 模拟情景 ………………………………………………………（151）
 10.2 结果与分析 …………………………………………………………（153）
  10.2.1 碳价格的影响 …………………………………………………（153）
  10.2.2 约束条件的影响 ………………………………………………（155）
 10.3 讨论与结论 …………………………………………………………（158）
  10.3.1 讨 论 ……………………………………………………（158）
  10.3.2 结 论 ……………………………………………………（161）

第11章 经营策略对森林空间经营规划的影响 ………………………（162）
 11.1 材料与方法 …………………………………………………………（163）
  11.1.1 规划模型 ………………………………………………………（163）
  11.1.2 经营策略 ………………………………………………………（165）

11.2 结果与分析 ……………………………………………… (167)
 11.2.1 综合评价 ……………………………………………… (167)
 11.2.2 木材收获 ……………………………………………… (168)
 11.2.3 碳汇量 …………………………………………………… (169)
11.3 讨论与结论 ……………………………………………… (170)
 11.3.1 讨 论 ………………………………………………… (170)
 11.3.2 结 论 ………………………………………………… (171)

第12章 融合经营措施的森林最优碳价格估计 …………… (172)

12.1 材料与方法 ……………………………………………… (173)
 12.1.1 规划模型 ……………………………………………… (173)
 12.1.2 模拟情景 ……………………………………………… (176)
 12.1.3 最优碳价格估计 ……………………………………… (176)
12.2 结果与分析 ……………………………………………… (178)
 12.2.1 不同情景规划结果 …………………………………… (178)
 12.2.2 最优碳价格估计 ……………………………………… (180)
 12.2.3 基于估计碳价格的经营方案 ………………………… (183)
12.3 讨论与结论 ……………………………………………… (187)
 12.3.1 讨 论 ………………………………………………… (187)
 12.3.2 结 论 ………………………………………………… (188)

参考文献 ……………………………………………………… (190)

研究基础

第1章
绪 论

1.1 研究背景

全球气候变暖及其对人类生存造成的损害和威胁已为世人所公认,其已成为人类社会不可回避的重大理论和实际问题。IPCC 第五次评估报告指出,2003—2012 年的全球平均温度较 1850—1900 年上升了约 0.78℃(IPCC,2013)。2015 年,来自全球 195 个国家代表在巴黎经过多轮协商后,一致通过了应对气候变化的《巴黎协定》,森林在缓解气候变化中的作用得到进一步强化。为此,我国政府提出到 2030 年将使森林蓄积量比 2005 年增加 45 亿 m^3 的目标。根据第九次森林资源清查资料(国家林业和草原局,2019),全国森林面积已达 2.20 亿 hm^2,森林覆盖率达 22.96%,森林蓄积量 175.60 亿 m^3,但我国森林资源面临严重的质量不高、分布不均、继续造林难度大等问题,显然该目标的实现仍面临巨大压力。根据统计资料显示,我国中幼龄面积比例高达 65%,亟待科学合理的抚育经营,因此森林经营在提高我国森林生态系统质量及其碳储量方面的作用受到前所未有的重视。

森林经营规划的本质是一个组合优化问题,即在有限的资源中通过合理配置营林选项而获得满意的经济效益或其他生态目标(如水源涵养、娱乐消遣等)。现阶段常用的优化算法主要有精确式算法和启发式算法。众所周知,随着林分数量的增加,规划问题的规模呈典型的幂函数增加趋势,同时由于众多的森林生态目标均需考虑详细的空间信息,极大程度上增加了这类模型的复杂性。传统精确式算法在当代森林经营规划问题中的求解能力已受到诸多质疑,但启发式算法却能在有限的时间内提供规划问题的满意解,因而受到越来越多的重视。

为此,本书以大兴安岭地区塔河林业局盘古林场为研究对象,以森林碳储量、木材收获和森林经营措施的时空分布为目标,建立森林多目标规划模型;研究基于模拟退火算法的森林多目标规划求解方法,分析主要参数在解决森林空间和非空间规划模型中的敏感性,提出关键参数的合理优化配置体系;将GIS技术、多目标规划模型和启发式算法进行结合,利用计算机模拟技术对森林各种经营过程进行模拟、比较和评价,建立森林经营单位水平的中期和长期森林经营规划系统;进而提出大兴安岭地区森林多目标经营规划技术体系,为该地区森林资源的可持续经营提供理论依据。

1.2 森林碳储量研究现状

森林生态系统碳储量既是森林生态系统与大气交换的基本参数,也是估算森林生态系统吸收和排放碳气体的关键要素(White et al.,2000)。因此,如何科学地估算全球(或区域)尺度森林碳汇(或碳源)的大小、分布及其变化已经成为国内外研究的热点和难点。为此,本章以森林碳储量研究的尺度问题(区域、林分和单木)为主线,系统分析了现阶段国内外关于森林碳储量的研究现状、存在问题及发展趋势。

1.2.1 国家或区域尺度

由于数据资料来源的复杂性与不确定性,区域尺度上森林碳储量的估算结果往往不具可比性。森林资源清查数据以其系统性、完整性和权威性得到了研究者的高度重视(赵敏,2004)。因此,如何利用这些数据来估算区域及全球尺度上森林碳储量及其在全球气候变化中的作用已经成为国际研究的热点和难点。本书将对区域尺度森林碳储量的估算方法、研究现状、存在问题及发展趋势进行逐项剖析。

1.2.1.1 区域尺度森林碳储量估算方法

国内外区域尺度森林碳储量的估算主要是通过生物量转换的方法来实现,具体包括平均生物量密度法(Mean Biomass Density Method,MBM)、平均生物量—蓄积量比值法(Mean Ratio Method,MRM)、连续生物量扩展因子法(Continuous Biomass Expansion Factor,BEF)以及加权生物量回归模型法等(Guo et al.,2009)。其中,MBM方法是由IBP(国际生物学计划)提出的区域性森林生物量估算方法,可表示为(Guo et al.,2009):

$$C = \sum_{i=1}^{n} c_i \cdot A_i \cdot BD_i \tag{1-1}$$

式中:C 为区域林分总碳储量;A_i 为区域内某种林型的面积;BD_i 为区域内林型 i 的平均生物量密度;c_i 为区域内林型 i 的平均含碳率;n 为区域内林型的数

量。该方法在20世纪60—70年代被广泛应用于全球、国家和地区尺度的森林碳储量估算及全球变化的研究中,然而由于实际测量林分的生物量往往高于同地区的平均值,从而严重高估区域森林碳储量(Fang et al.,2005)。

20世纪80年代以后,多数研究者逐渐认识到,森林资源清查数据提供的分区域、树种和龄级的面积和蓄积统计信息在估算区域尺度上森林碳储量的重要性。但采用这些数据估算森林碳储量必须计算生物量扩展因子(BEF),进而实现由林分蓄积到生物量的转换。应用的最早的BEF被定义为森林生物量与蓄积量的比值,即BEF=生物量(B)/蓄积量(V),因此采用这种方法的森林生物量估算可表示为(Guo et al.,2009):

$$C = \sum_{i=1}^{n} c_i \cdot V_i \cdot BEF_i \tag{1-2}$$

式中:V_i为区域内某种林型的总蓄积;BEF_i为区域内林型i的平均生物量扩展因子;其他变量如前所述。Sharp等(1975)最早利用MRM方法估计森林生物量,在其研究中北卡罗来纳州的平均生物量扩展因子为$2.0Mg \cdot m^{-3}$,继而在区域和国家尺度的森林生物量估算中被广泛使用(Kauppi et al.,1992)。然而,后续研究表明BEF并不是固定不变的,其受林分年龄、立地等级、林分密度等影响(Fang & Wang,2001)。因此,如果应用固定的BEF值必定会低估幼龄林的生物量和生产力,而高估成过熟林的生物量和生产力(Goodate et al.,2002)。但由于获得区域或国家尺度上不同林型、不同年龄、不同立地的BEF值较为困难,因此Fang研究团队在对大量的固定样地数据研究的基础上发现BEF值可以表示为林分蓄积的一种特定函数形式(Fang et al.,2005;Fang & Wang,2001):

$$BEF = a + b/V \tag{1-3}$$

式中:式中V为林分的每公顷木材蓄积量;a和b为某林型的参数。由于该式中木材蓄积量包含了林分年龄、立地、密度以及其他生物和非生物因素,因此它可以直接用来计算森林生物量(Fang et al.,2002)。根据该式定义,当蓄积量很大时,BEF趋向于恒定值a;蓄积量很小时,BEF很大,这符合生物学的相关生长理论,可适用于所有的林分类型(方精云等,2007)。同时,Fang等研究证明,该方法可以直接实现由样地调查向区域估算的尺度转换(方精云等,2007;Fang et al.,2002),基于该种方法的区域森林碳储量估算公式可表示为(Guo et al.,2009):

$$C = \sum_{i=1}^{n} c_i \cdot A_i \cdot V_i \cdot BEF_i(V) \tag{1-4}$$

式中:V_i为林型i的每公顷蓄积;$BEF_i(V)$为林型i的连续生物量扩展因子;其他变量如前所述。连续生物量扩展因子法(BEF)可以将生物量和蓄积量表述为一个具体的线性模型,对于特定树种有非常明确的参数。BEF方法在某种程度上可以反映生物量随林龄的变化,但单位面积蓄积对生物量的影响较大,特别是对 b 值较大的树种,对较小的使用范围可能并不适宜(李海奎等,2012)。

为了解决BEF方法存在的不足,曾伟生等(2011)给出的基于相容性生物量模型的加权生物量回归模型法较为稳定,可在保证模型精度前提下,适用于不同区域、相同树种的生物量估算,其可表示为:

$$C = \sum_{i=1}^{n} c_i \cdot V_i \cdot BEF_i(V) = \sum_{i=1}^{n} c_i \cdot V_i \cdot \frac{\sum_{i=1}^{n}\sum_{j=1}^{m} V_{ij} \cdot \frac{B_{ij}}{V_{ij}}}{V_{ij}} \qquad (1-5)$$

式中:V_{ij} 为第 i 林型第 j 样地的样地调查蓄积;V_{ij} 为第 i 林型第 j 样地的模型材积;B_{ij} 为第 i 林型第 j 样地的模型生物量;n 和 m 分别为林分类型数和第 i 林型的样地数量;其他变量如前所述。该方法优势在于模型中包含的胸径大小反映了林分年龄,树高则体现了立地质量,其充分利用了森林资源清查数据中易于获取的因子,同时该方法相当于样木水平的回归模型,描述的生物量与蓄积量呈非线性关系(李海奎等,2012)。一般而言,样木水平的模型估计精度要明显高于样地水平,而且生物数学模型从广义上讲都是非线性的,因而具有较强的适用性(李海奎等,2011)。

1.2.1.2　区域森林碳储量研究现状

在全球尺度上,众多机构和学者都对全球陆地生态系统的碳储量进行了研究。IPCC估算的全球森林年均碳汇量为1.0~2.6 Pg C,而其他多数研究均认为全球森林年均碳汇量应在2.0~3.4 Pg C之间(Pan et al.,2011)。近些年来,随着区域尺度森林碳储量估算方法和理论的进步,各国政府和学者对全球森林碳储量的大小及分布有了更为科学的认识,其中Pan等(2011)采用BEF方法来估算全球尺度森林碳储量,结果表明全球森林碳储量在近20年(1990—2007年)内显著增加,其年均增量为2.4 Pg C;全球森林总碳储量为861 Pg C,其中土壤碳库383 Pg C、生物量碳库363 Pg C、粗木质残体碳库73 Pg C和凋落物碳库43 Pg C。孙晓芳等(2013)采用国际上通用的生物化学机理模型LPG-DGVM研究了全球100年间(1901—2000年)植被碳储量的时空变化规律,其结果也很好的证明了目前全球森林整体处于碳汇状态。

在国家尺度上,测算结果表明韩国(2.86 Pg C·a^{-1})、欧盟(1.68 Pg C·a^{-1})、日本(1.59 Pg C·a^{-1})、中国(1.22 Pg C·a^{-1})、俄罗斯(1.21 Pg C·a^{-1})的森林生态系统年均碳汇能力较高(Pan et al.,2011)。近些年来,多数学者采

用材积源生物量法对我国各时期的森林碳储量进行了大量研究，如 Fang 等（2001）研究表明由于土地利用方式、人口增长以及经济政策的变化等原因，全国森林总碳储量从新中国成立初期（1949年）的 5.06 Pg C 下降到 20 世纪 80 年代的 4.38 Pg C，之后则又增加到 4.75 Pg C（1980—1998年）。Fang 等（2013）综合运用 BEF 和 MBM 方法评估我国东北地区天保工程实施以来（1998—2008年）森林碳储量的变化，结果表明天保工程实施以来的碳汇效果显著（6.3Tg C·a^{-1}），实施区内森林生态系统总碳储量 4603.8 Tg C，其中各子系统碳储量依次为土壤层（69.5%~77.8%）、乔木层（16.3%~23.0%）、腐殖质层（5.0%~6.5%）和灌草层（0.9%）。此后，方精云等（2007）、徐新良等（2007）均采用森林资源清查数据和材积源—生物量法对我国不同时期森林碳储量的时空分布特征进行了再研究。而部分学者则采用加权生物量回归模型法估算我国森林的碳储量，如李海奎等（2011）则采用该方法估算的全国森林植被总碳储量为 7.81 Pg C，这与其他学者研究结果显著不同。

在地区和省域尺度上，我国学者同样进行了大量研究。范登星等（2008）、周传艳等（2007）、焦燕和胡海清（2005）以及其他众多学者采用 BEF 方法结合不同地区、不同时期的森林资源清查数据对我国不同省域的森林碳储量时空动态变化规律进行了研究。但也有采用其他方法来估算不同地区的森林碳储量，如王雪军等（2008）则采用加权生物量回归模型法研究了辽宁省近 20 年森林碳储量及其动态变化。综合国内相关研究，可以看出我国各省的森林生物量碳密度基本保持在 30~60 t·hm^{-2} 区间内，其中西藏乔木林碳密度最高 102.51 t·hm^{-2}，上海乔木林碳密度最低，仅为 11.88 t·hm^{-2}，全国平均碳密度约为 40 t·hm^{-2}（李海奎等，2011），各省区不同碳库系统的碳密度排序均为土壤层>乔木层>枯落物层>灌草层，但由于不同地区森林生态学特性的差异，其分配比例并不完全相同。

1.2.1.3 区域森林碳储量时空分布及驱动机制

区域森林资源由于气候因素的干扰以及长期以来的人为活动，往往会在时间和空间上形成明显的分布规律。为了更好地揭示这种变化规律，国内外学者普遍采用森林资源的连续清查数据对此进行了一系列研究。Pan 等（2011）研究表明全球森林碳吸存能力从 20 世纪 90 年代的 2.50 Pg C·a^{-1} 下降到 21 世纪初的 2.30 Pg C·a^{-1}，但全球森林总碳储量呈明显的上升趋势（113 Pg C·a^{-1}）。在这方面，我国学者根据已公布的第七次森林资源清查数据（1973—2008年）进行了相应研究。从图 1-1 可看出，虽然不同学者对我国森林碳储量及碳密度的估算结果存在较大差异，但其在时间序列上的变化规律较为接近，即不同时期的森林碳储量和碳密度均存在一定波动现象,但总体增长趋势明显;20世纪80年代以前,由于森林资源主要以采伐利用为主,因此全国的森林碳储量和碳密度均呈显著下降趋势;20世纪80年代中后期,我国进行了大面积的人工造林、退耕还林以及天然林保护等积极的森林经营政策,全国森林碳储量和碳密度又迅速增加。同样,部分学者开展了不同省域尺度上森林碳储量动态变化的研究,如黄从德等(2007)测算结果表明四川省的森林碳储量从1974年的300.02 Tg C 增加到2004年的469.96 Tg C,而森林的碳密度则从49.91 Mg C·hm^{-2}下降到37.39 Mg C·hm^{-2};这可能是由于在这30年内进行大面积的人工造林,使森林面积增加了1倍多($0.13×10^8$ hm^2);王雪军等(2008)测算吉林省的森林碳储量则从1984年的57.21 Tg C 增加到2000年的70.3 Tg C,但碳密度则呈现出先上升后下降再上升的变化趋势,这可能是由于20世纪80年代我国各地区大面积的人工造林所致;其他省份同样存在这一现象(樊登星等,2008;周传艳等,2007;焦艳和胡海清,2005)。

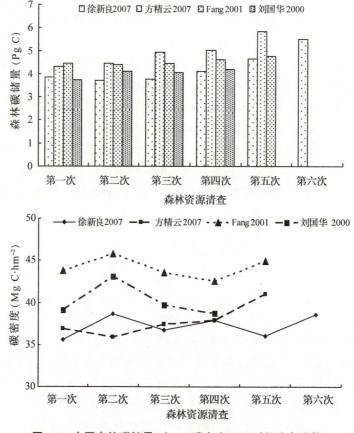

图1-1 中国森林碳储量(上)、碳密度(下)时间分布趋势

中国植被碳密度格局与中国人口及气候的空间分布基本一致。从中国各地区森林植被碳储量和碳密度的空间分布状况看，中国森林植被碳储量和碳密度区域差异显著。Fang 等(1998)研究表明全国森林碳储量分布极不均衡，其中东部和东南部人口密集区、北方和西北干旱区森林碳储量和碳密度均较低，而东北和西南经济欠发达地区的碳储量和碳密度则较高；此后徐新良等(2007)的研究也证实了此结论。李海奎等(2011)根据全国第七次森林资源清查数据给出的各省区森林总碳储量和碳密度则更好地反映了这一规律。森林碳储量和碳密度在省域尺度上同样有明显的空间异质性，但更容易受到地形作用的影响，如黄从德等(2007)研究表明四川省森林植被碳储量受青藏高原隆升和人为活动干扰及其叠加效应影响，森林植被碳储量空间分布明显，整体呈现出随纬度、海拔和坡度的增加而增加，而随经度的增加而减小的分布格局；其他省区森林碳储量和碳密度则依据气候、地形以及社会经济发展水平等呈现出类似的变化趋势。

空间分布是进行大尺度森林特征研究不可回避的核心问题，然而传统的定性方法并不能很好地揭示这些森林特征的空间分布规律。地统计学是最早研究空间问题的一种有效的方法，其以区域化变量理论为基础，不仅可以定量描述和解释空间异质性或自相关性，也可以建立各种空间预测模型实现空间数据差值和估计(2013)，因此该方法在林业中得到了广泛应用(何鹏等，2013；Malhi et al.，2006)。Chen 等(2004)以美国华盛顿州西南部的 12 km^2 的固定样地为研究对象，采用地统计学方法研究了该林分内 6 个主要物种的空间分布，结果表明这些物种斑块大小的半径在 50~120 m 之间，高生物量区域往往伴随着较高比例的乔柏(*Thuja plicata*)和铁杉(*Tsuga heterophylla*)，低生物量区域则具有较密的冷杉(*Abies amabilis*)和红豆杉(*Taxus brevifolia*)，并且物种间的竞争、人为干扰以及林分演替动态是影响森林生物量空间分布的驱动因素；刘畅(2014)采用 Moran *I* 及局域统计量检验 4 个尺度(25 km、50 km、100 km 和 150 km)下黑龙江省森林碳储量的空间分布模式、变异及其自相关性，结果表明该省森林碳储量空间分布呈显著正相关。由此可见，地统计学方法不仅能够解释碳密度的空间变异特征，还能揭示影响碳密度分布的关键因素，并且能够通过模型预测来实现森林特征变量时空分布的可视化表达。

1.2.1.4 区域森林碳储量估算的不确定性及发展趋势

表 1-1 所示为国内外不同学者对全球、全国及省域森林碳储量的估算结果，可以看出在不同尺度等级上森林碳储量的结果均存在较大差异。综合国内外研究，可以发现数据因素、方法因素以及气候和人为干扰因素是影响森林碳储量估算精度的关键因素。

表 1-1 不同学者估算相同尺度下的森林碳素特征

区域	方法	类别	碳储量(Pg C)	碳密度(Mg C·hm^{-2})	固碳速率(Pg C·a^{-1})	时间范围	参考文献
全球	地面测定	森林/土壤	861	220.77	2.4	1990—2007	Pan 等,2011
	地面测定	森林/土壤	1146	279.51		1990—1999	Dixon 等,1994
全国	地面测定	乔木林	4.3~5.9	36.9~41.0	0.75	1981—2000	方精云等,2007
	过程模型	植被			0.092	1980—2002	方精云,2012[1]
	反演模型	植被			0.228	1996—2005	
	地面测定	乔木林	4.38~5.06	42.58~44.91	0.021	1949—1998	Fang 等,2001
	地面测定	乔木林	3.85~5.51	35.56~38.65	0.055	1973—2003	徐新良等,2007
	地面测定	乔木林	7.81	42.82		2004—2008	李海奎等,2011
	地面测定	乔木林	8.43	40.51		2009—2013	徐济德,2014
地区[2] 黑龙江	地面测定	乔木林	0.92	45.06		2004—2008	李海奎等,2011
	地面测定	乔木林	0.60	33.44		1999—2003	焦燕等,2005
北京	地面测定	乔木林	0.009	18.99		2004—2008	李海奎等,2011
	地面测定	乔木林	0.008	22.53		1999—2003	樊登星等,2008
陕西	地面测定	乔木林	0.24	37.98		2004—2008	李海奎等,2011
	地面测定	乔木林	0.20	31.20		2009	曹杨等,2014
山东	地面测定	乔木林	0.055	27.62		2004—2008	李海奎等,2011
	地面测定	乔木林	0.025	10.59		2007	李士美等,2014
广东	地面测定	乔木林	0.199	25.47		2004—2008	李海奎等,2011
	地面测定	乔木林	0.211	22.60		2003	周传艳等,2007
四川	地面测定	乔木林	0.74	52.65		2004—2008	李海奎等,2011
	地面测定	乔木林	0.47	37.39		2004	黄从德等,2007

注:1)引自方精云(2012)。2)东北、华北、西北、华东、华南、西南各选 1 个省份进行对比。

数据因素包括多个方面,如数据缺失和模型拟合样本数量不足等。Pan 等(2011)在对全球森林碳储量进行估算时指出,因缺少北美地区森林清查数据、热带原始林的土壤碳数据以及热带森林的生长率数据等,造成全球森林碳储量估算结果存在约 15%的不确定性;而现阶段,国内多数学者对区域尺度森林碳储量的估算对象仅为乔木林,缺少灌草层、枯落物及腐殖质层以及土壤层的碳储量数据(李海奎等,2011;徐新良等,2007);采用的估算方法主要为 Fang 和 Wang(2001)建立的中国 21 种主要森林类型林木蓄积与生物量之间的关系式,但该方法存在许多无法回避的问题:①全国森林资源连续清查技术成果(第七次)共划分48个优势树种(组)(徐济德,2014),这与Fang等(2001)研究不完全匹配,与省域范围内森林类型的匹配程度则更低;②用于拟合森林生物量与蓄积量的样本数量较少,最小仅为9个,最高112个,平均也仅为28个,多数树种(组)的样本数量不符合统计学要求;③连续生物量扩展因子法只反映了树干材积与生物量的关系,无法准确反应森林冠层的结构特征,而这些关系到森林碳氮水循环等关键生态过程。

区域森林碳储量估算采用的方法主要有地面测定、遥感估算和模型模拟法等。限于本文研究内容,将主要讨论基于森林资源连续清查数据的森林碳储量估算方法。MBM和MRM方法虽然提出的较早,但因其并不能准确地反映森林碳储量随林分年龄、立地和密度等的变化关系,在我国的应用并不多见。而连续生物量扩展因子法(BEF)因很好地克服了这些问题,在我国进行了广泛应用,并取得了较好的效果。但该方法存在森林类型匹配程度较低、建模样本数量不足和森林碳储量信息表述不完整等,导致区域森林碳储量的估算存在严重的不确定性。为此,很多学者在区域森林碳储量估算方法上进行了积极探索,如李海奎等(2011)采用全国49个主要树种的单木生物量模型研究了基于全国第七次森林资源清查数据的森林碳储量估算,黄国胜等(2014)采用加权生物量回归模型法估算了东北地区落叶松林碳储量。因此,在这种方法基础上继续加强不同地区不同树种生物量—蓄积量模型的筛选、验证和可重复方面的研究,进而建立全国通用的生物量模型是当前亟待解决的关键问题。

气候和人为干扰也是影响森林碳储量变化的关键因素,但因其具有明显的时空异质性,因此其作用较难定量描述。多数研究表明区域森林碳储量与温度、降水、海拔等有密切的关系(赵敏,2014)。人为干扰是影响森林碳储量变化的主要驱动因素,Fang和Wang(2001)总结表明采伐方式、废弃农田的植被恢复和管理措施是影响北方森林碳储量分布的关键因素,而欧洲森林则主要受森林管理措施的影响,但我国森林碳储量则主要受人工造林的影响。气候变化是影响森林碳储量分布中不可忽视的因素,其主要体现在温度和CO_2浓度的升高。有研究表明,如果CO_2浓度增加2倍,在50年内长白山阔叶红松林固碳量将增加0.2 Mg C·hm^{-2},而植被的生产力增加2.7 Mg C·hm^{-2}·a^{-1};如果温度和CO_2浓度同时倍增,则森林植被固碳量增加0.3 Mg C·hm^{-2},而植被生产力增加2.8 Mg C·hm^{-2}·a^{-1}(唐凤德等,2009)。虽然国内外学者已经在这方面做了大量研究,但气候因素和人为干扰对森林生态系统碳储量(或碳密度)变化的影响机制还不明确,很难准确估计这些方面引起的不确定性,这方面还有待于进一步研究。

1.2.2 林分尺度

1.2.2.1 林分尺度碳储量研究方法

林分尺度森林碳储量的研究有助于更好地理解森林碳储量、碳分配及碳循环特征，其采用的主要方法是通过设置典型样地，并综合运用模型模拟和实测数据来测算森林生态系统不同层次的碳储量。林分尺度碳储量的研究内容如图1-2所示，其中的核心问题是单木各器官生物量模型的构建和各层次碳储量的核算及其分配规律的研究。

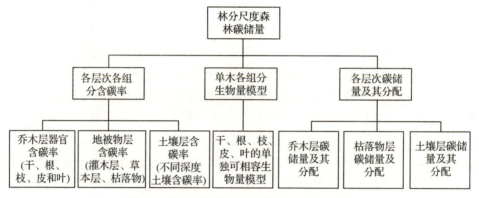

图1-2 林分尺度森林碳储量研究的主要内容

森林碳储量的研究一般是通过生物量乘以含碳率的转换来实现的。因此，建立模型简单、精度高、使用方便的生物量模型是进行各种尺度森林碳储量研究的关键。常用的单木各器官生物量模型的基本形式包括CAR模型和VAR模型，本文以CAR模型为例说明：

$$w = aX^b \tag{1-6}$$

式中：w 可分别为单木总生物量（w_{to}）以及树干（w_{tr}）、树根（w_{ro}）、树冠（w_{cr}）、树枝（w_{br}）、树叶（w_{le}）及树皮（w_{ba}）的生物量；X 为模型的自变量，根据国内外学者研究结果，最常用的变量包括 D 和 D^2H；a 和 b 为模型参数。如果对上述单木总量及各分量的生物量模型分别进行拟合，则会导致单木生物量模型的不相容问题，即 $w_{to} \neq w_{tr} + w_{ro} + w_{br} + w_{le} + w_{ba}$。为此，唐守正等（2000）提出了非线性模型联合估计的方法，首次解决了生物量模型的相容性问题。之后，曾伟生和唐守正（2010）分别比较了以总量直接控制和分级联合控制等方案为基础的相容性生物量方程系统以及一元、二元和三元模型的拟合效果，结果表明总量直接控制和分级联合控制方案效果基本相当，并且随着解释变量的增加，模型的预估精度会略有上升,但改善的幅度并不大。为此,本书以胸径(D)为自变量,以总量直接控制为基本方案,则相容性生物量模型系统可表示为:

$$\begin{cases} w_{tr} = a_1 D^{b_1} \\ w_{br} = a_2 D^{b_2} \\ w_{le} = a_3 D^{b_3} \\ w_{ro} = a_4 D^{b_4} \\ w_{to} = a_0 D^{b_0} = a_1 D^{b_1} + a_2 D^{b_2} + a_3 D^{b_3} + a_4 D^{b_4} \end{cases} \quad (1-7)$$

则该式经过一系列的数学推导过程,最终可改写为:

$$\begin{cases} w_{tr} = a_0 D^{b_0}/(1 + r_1 D^{k_1} + r_2 D^{k_2} + r_3 D^{k_3}) \\ w_{br} = a_0 r_1 D^{k_1+b_0}/(1 + r_1 D^{k_1} + r_2 D^{k_2} + r_3 D^{k_3}) \\ w_{le} = a_0 r_2 D^{k_2+b_0}/(1 + r_1 D^{k_1} + r_2 D^{k_2} + r_3 D^{k_3}) \\ w_{ro} = a_0 r_3 D^{k_3+b_0}/(1 + r_1 D^{k_1} + r_2 D^{k_2} + r_3 D^{k_3}) \end{cases} \quad (1-8)$$

式中:w_{to}、w_{tr}、w_{br}、w_{le}、w_{ro} 分别为单木总生物量及树干、树枝、树叶和树根生物量;a_0-a_4,b_0-b_4,k_1-k_3,r_1-r_3 均为模型系数,其中 $r_1 = c_2/c_1$,$r_2 = c_3/c_1$,$r_3 = c_4/c_1$,$k_2 = b_3 - b_1$,$k_3 = b_4 - b_1$;方程参数的估计可采用 SAS 和 Forstart 软件中的相关模块。

乔木层各树种的生物量模型确定以后,则林分尺度乔木层的碳储量计算公式可表示为:

$$C_t = \sum_{i=1}^{n} C_{ti} = c_{tr} \cdot W_{tr} + c_{br} \cdot W_{br} + c_{le} \cdot W_{le} + c_{ro} \cdot W_{ro} \quad (1-9)$$

式中:C_t 为林分乔木层的每公顷碳储量;C_{ti} 分别为林分内各树种树干、树枝、树叶和树根4部分的每公顷碳储量;c_{tr}、c_{br}、c_{le}、c_{ro} 分别为林分内各树种树干、树枝、树叶和树根的平均含碳率;W_{tr}、W_{br}、W_{le}、W_{ro} 分别为林分内各树种树干、树枝、树叶和树根的每公顷生物量。

对于林分内地被物层碳储量的研究主要采用"收获法"获得。对于灌木层、草本层、枯落物层等,在样地内分别设定一定数量的样方,用全收获法测定样方内全部地上和地下生物量,然后取一定数量的样品用于测定其含碳率。土壤碳储量则通过挖取土壤剖面的方式获得,按照人为分层或自然发生层为标准,用环刀取样,测定各层土壤容重,并取一定数量的土壤样品用于测定其含碳率。基于测定的典型林分的地被物层和土壤层的数据,则地被物层和土壤层碳储量计算公式可表示为:

$$C_u = C_{ub} + C_{ug} + C_{ul} = c_{ub} W_{ub} + c_{ug} W_{ug} + c_{ul} W_{ul} \quad (1-10)$$

$$C_s = \sum_{i=1}^{n} c_{si} \cdot Z_{si} \cdot H_{si} \qquad (1\text{-}11)$$

式中：C_u、C_{ub}、C_{ug}、C_{ul}、C_s 分别为地被物层及灌木层、草本层、枯落物层和土壤层的每公顷碳储量；c_{ub}、c_{ug}、c_{ul} 和 c_{si} 分别为灌木层、草本层、枯落物层和土壤层的含碳率；Z_{si} 为土壤层第 i 层的容重；H_{si} 为土壤第 i 层的厚度；n 为土壤的分层数。

1.2.2.2 林分尺度碳储量研究现状

森林在全球陆地碳循环中起着决定性的作用。大气成分监测、遥感和森林清查资料都表明，北半球森林生态系统是一个重要的大气 CO_2 之汇，但存在巨大的空间异质性和不确定性（方精云等，2006）；同时，区域尺度上森林生态系统碳储量估算结果的巨大差异（李海奎等，2011；Fang et al.，2001），说明还存在一些内在调控机理没有研究清楚。因此，今后应加强典型森林群落碳储量及其分配的研究，这不仅有助于揭示和评价森林碳储量研究中存在的异质性和不确定性，还有助于理解碳循环的生态过程及其驱动因素。

森林生态系统碳储量受森林群落结构、林分类型、林龄以及气候因子等的综合作用，为此详细研究不同区域典型森林群落的碳储量、碳汇功能和空间分布规律对于揭示森林生态系统的关键生态过程具有重要意义。在全球热带地区，Usuga 等（2010）对比分析了热带展叶松（*Pinus patula*）和柚木（*Tectona grandis*）人工林不同发展阶段的林分碳储量，结果表明 2 种林型的乔木层、枯落物层和土壤层碳密度分别为 99.6 Mg C·hm^{-2}、2.3 Mg C·hm^{-2}、92.6 Mg C·hm^{-2} 和 85.7 Mg C·hm^{-2}、1.2 Mg C·hm^{-2}、35.8 Mg C·hm^{-2}，说明两种林型间的总碳储量差异不明显，但分配规律显著不同。对温带地区，Law 等（2003）研究表明黄松（*Pinus ponderosa*）林生态系统净生产力（NEP）和净初级生产力（NPP）依次为幼龄林（-1.24 Mg C·hm^{-2}·a^{-1}，2.08 Mg C·hm^{-2}·a^{-1}）、过熟林（0.35 Mg C·hm^{-2}·a^{-1}，3.32 Mg C·hm^{-2}·a^{-1}）、中龄林（1.70 Mg C·hm^{-2}·a^{-1}，4.85 Mg C·hm^{-2}·a^{-1}）和成熟林（1.18 Mg C·hm^{-2}·a^{-1}，4.00 Mg C·hm^{-2}·a^{-1}），林分碳储量随年龄呈增加趋势（120.55 Mg C·hm^{-2}·a^{-1}，155.13 Mg C·hm^{-2}·a^{-1}），在 150~200 年间达到最大值（256.03 Mg C·hm^{-2}·a^{-1}）。

我国森林碳储量的研究虽然起步较晚，但在充分借鉴国外相关研究成果的基础上，近些年来也取得了许多积极的成果，这些成果为系统研究我国森林碳储量及其变化打下了坚实基础。在天然林方面，王飞（2013）研究表明由于大兴安岭地区兴安落叶松（*Larix gmelinii*）成过熟林遭受到不同程度的采伐，其不同年龄阶段的碳密度呈现一定的波动性，其中成熟林 435.2 t·hm^{-2}>中龄林

389.04 t·hm^{-2}>近熟林 330.63 t·hm^{-2}>幼龄林 211.16 t·hm^{-2}，各龄级碳储量分配比例均为土壤层(60.91%~74.82%)>乔木层(21.60%~33.36%)>碎屑层(2.34%~5.91%)>灌木层(0.19%~0.89%)>草本层(0.05%~0.35%)>苔藓层(0~0.01%)；王伊琨等(2014)研究显示黔东南地区常绿阔叶林碳储量为155.87 t·hm^{-2}，其空间分配也表现为土壤层(72.24%)>乔木层(42.31%)>林下层(0.62%)。综上分析可以看出，虽然不同地区天然林的碳密度显著不同，但其分布格局均表现为土壤层>乔木层>枯落物层，且不同林型的分配比例不同，但并无明显规律可循。

在人工林方面，众多学者采用空间代替时间的方法研究了不同地区、不同树种、不同年龄阶段上森林碳储量及其碳分布格局的变化规律，如马炜等(2010)研究显示长白落叶松(*Larix olgensis*)人工林未成林期、幼龄林、中龄林、近熟林和成熟林的碳储量依次为 6.56 t·hm^{-2}、66.93 t·hm^{-2}、90.02 t·hm^{-2}、125.10 t·hm^{-2}、162.68 t·hm^{-2}，各林分在空间上的分配均为乔木层(85.99%)>林下地被层(11.85%)>倒落木质层(2.17%)；刘恩等(2012)研究了南亚热带10年、20年和27年生红锥(*Castanopsis hystrix*)人工林碳储量及其分配格局，不同年龄阶段的碳储量分别为182.42 t·hm^{-2}、234.75 t·hm^{-2} 和 269.75 t·hm^{-2}，其空间分布均表现为土壤层(65.9%~78.7%)、乔木层(19.8%~32.8%)和凋落物层(1.3%~1.5%)，不同年份的年均固碳量为 4.70 t·hm^{-2}、5.64 t·hm^{-2} 和 5.18 t·hm^{-2}，表明其具有较高的固碳能力，是发展多目标森林经营的理想树种；此外，李平等(2014)、孟蕾等(2010)也分别对天津平原杨树(*Populus alba*)人工林、南宁马占相思(*Acacia mangium*)人工林、黄土高原子午岭油松(*Pinus tabuliformis*)人工林进行了类似研究。综上分析可以看出，不同地区、不同树种的人工林生态系统碳储量均在中幼龄林阶段随年龄的增加而快速增加，之后则随林龄的增加而变缓，最终趋于稳定的变化趋势；不同地区、不同树种人工生态系统碳储量的空间分布格局基本上均表现为土壤层>乔木层>凋落物层，但随着林龄的增加，土壤层碳储量逐渐减小，乔木层碳储量逐渐增多，而凋落物层基本不变。

1.2.2.3 林分尺度碳储量的分布规律及驱动因素

一般来说，光照、温度和水分等多个自然因子共同影响着森林的碳汇功能，而海拔、坡向和坡度等地形因子又通过水热光照等气候作用，在一定程度上决定了森林生态系统碳储量和碳密度的变化(范叶青等，2013)。许多研究都表明，立地条件是影响林木生长和森林碳汇的重要环境因素(于顺龙，2009)，如坡向在很大程度上决定了青海云杉(*Picea crassifolia*)林的空间分布，同时对林分平均胸径和优势木树高有着深远作用；而坡度和坡位则对水曲柳（*Fraxinus mandschurica*）林分生长和生物量分配有重要影响，这些都是林分碳储量空间分布异质性的间接体现。为了更好地理解森林碳储量随林分立地因子的变化规律，国内外学者开展了一系列研究，如成向荣等（2012）探讨了坡向和土壤石砾对麻栎（*Quercus acutissima*）人工林碳储量的影响，结果表明土壤石砾较低的阴坡最有利于麻栎人工林碳储量的积累，相对于石砾密度较高的立地，较低密度的石砾更有利于树木碳储量的增加；范叶青等（2012）研究显示坡向、坡位对毛竹（*Phyllostachys heterocycla*）林生态系统碳储量及其空间分配均有一定影响，坡向对植被碳储量影响显著（$P<0.05$），对土壤和生态系统碳储量影响较显著（$P<0.10$），而坡位对植被碳储量影响极显著（$P<0.01$），对土壤和生态系统碳储量影响显著（$P<0.05$），但两者交互作用不显著。从上述研究结果可以看出，地形因子对不同区域森林碳储量的变化具有重要作用，但其相应规律并不完全相同，这方面还有待于进一步研究。

林分尺度上的生物因素对碳储量同样有显著作用，主要包括林分年龄、树种组成、物种多样性、冠层结构、林分径级结构等因素。多数学者研究表明森林碳储量在林龄序列上呈现出规律性的变化趋势，如 Law 等（2003）、王飞（2013）对天然林生态系统，马炜（2010）、刘恩等（2012）、李平等（2014）对人工林生态系统不同时间序列上碳储量及其分配规律的研究表明，各林型碳储量均在一定时间范围内迅速增加达到最大值，之后随着林龄的继续增加林分的碳储量则基本保持不变；不同层次碳储量的分配规律显示：随着林龄的增加，乔木层碳储量逐渐增加，土壤层碳储量则区域减少，而林下枯落物层则基本保持不变。林分内的树种组成是决定森林生态系统碳储量大小的重要生物学因子，郭超等（2014）研究表明辽东栎（*Quercus liaotungensis*）比重的增加可显著提高乔木层、土壤层和生态系统碳储量，群落内的阔叶树种和针叶树种比例与乔木层碳储量、生态系统总碳储量存在密切关系，但对土壤层和灌草层的碳储量影响不显著。林分密度是人工培育森林技术系中最重要的环节之一，不仅影响林分生长和木材质量，而且制约和决定着林分碳储量的动态变化，王秀云等（2011）比较了 28 年生长白落叶松 5 种林分密度下森林碳储量的分布特征，结果表明平均单木碳储量随林分密度增加而呈逐渐变缓的下降趋势，而群落碳储量和乔木层碳储量随林分密度增加成逐渐变缓的上升趋势。生物多样性的降低会严重影响森林的净初级生产力和碳储量，然而其影响机制还不明确。Ruiz–Benito 等（2014）以西班牙寒温带森林到温带森林的 54000 个固定监测样地为例，探讨了气候环境、林分结构和物种多样性对森林生态系统的影响，结果显示物种多样性对林分的净初级生产力和生态系统碳储量存在一个正相关的非线性关系，林分物种多样性越低，则林分碳储量和净初级生产力的变化范围越大。综上分析，林分内的众多生物因素对森林生态系统碳储量及其分布都有显著地影响，但现阶段多数因素的影响机制并不明确，还需进一步深入研究，这不仅有助于揭示森林生态系统碳储量及其分布的内在规律，还有助于进一步提高区域尺度森林碳储量的估算精度。

自然干扰是影响森林碳储量及其分配的另一关键因素。风干扰是森林干扰中最常见的一种，目前研究主要集中在风对森林造成的危害、对树木的生长和形态以及森林生态的影响等，但关于风对森林生态系统碳储量及其恢复过程影响的研究还鲜有报道，仅孟莹莹等（2014）研究了长白山风倒区植被经过26年自然恢复后土壤碳氮变化过程，结果表明土壤有机碳、全氮含量及储存与原始植被区已无显著差异，但碳氮比差异性显著，说明自然恢复26年后风倒区土壤质量已经基本恢复，但由于植被类型的差异导致碳/氮输入等差异依然存在。林火干扰是森林生态系统的重要干扰因子，是导致植被和土壤碳储量变化的重要原因。包旭（2013）研究表明大兴安岭落叶松（*Larix gmelinii*）-薹草（*Carex schmidtii*）沼泽湿地未火烧、轻度火烧和重度火烧样地生态系统总碳储量分别为297.27 $t \cdot hm^{-2}$、219.49 $t \cdot hm^{-2}$ 和167.72 $t \cdot hm^{-2}$，轻度火干扰仅显著降低土壤碳储量，而重度火干扰则显著降低植被层、凋落物层和土壤层的碳储量；3种林火干扰强度的净初级生产力和年均固碳量依次为5.72 $t \cdot hm^{-2}$、8.47 $t \cdot hm^{-2}$、4.44 $t \cdot hm^{-2}$ 和2.71 $t \cdot hm^{-2}$、3.68 $t \cdot hm^{-2}$、1.66 $t \cdot hm^{-2}$，可以看出轻度干扰显著提高了植被净初级生产力和年均固碳量，而重度火干扰则降低了这两项指标。综上分析可见，众多自然干扰过程都会对森林生态系统的碳储量及其分布造成显著影响，一般认为轻度干扰有利于森林生态系统生产力的提高、物种多样性的保护以及碳汇能力的增加，但重度干扰则会严重降低森林生态系统结构和功能质量。

1.2.2.4 林分尺度碳储量研究中存在的问题及发展趋势

鉴于森林碳汇作用在林业科研、经营及政府决策中的地位越来越重要，有必要直接建立林分尺度上碳储量的生长与收获模型。国内外学者对常规的林分生长与收获模型已经进行了较多研究，如Zhang等（1993）、惠刚盈等（1994）分别建立了美国火炬松（*Pinus taeda*）人工林和杉木（*Cunninghamia lanceolata*）人工林的全林分生长与收获模型，结果均表明这些模型系统能满足不同用户对林分生长与收获的预测、经营效果模拟以及决策支持的要求。这些模型系统一般包括优势高预测模型、断面积生长方程、蓄积生长方法、密度预测模型、进阶模型、枯损模型以及直径分布模型等。根据这些模型系统的建立思想，可采用两种方法建立林分尺度的碳储量生长与收获模型系统：①直接建立林分碳储量与优势木高、密度以及直径等关系的预测模型；②考虑建立林分碳储量与断面积和蓄积的相容性预测模型。鉴于森林多功能经营是今后林业发展的趋势，建议采用第二种方法，可同时满足林业木材生产和生态效益发挥的双重需求。但目前开展这项研究的相关报道并不多见，仅黄贤松等（2013）采用相容性方法（方案②）建立了林分碳储量与蓄积量、平均胸径、树高以及密度指标的杉木人工林碳收获模型，并且据此编制了杉木人工林可变密度的碳收获表，为杉木人工林碳收获预估及碳汇林经营提供了理论依据和经营数表。可见，在森林碳汇已成产业化发展趋势，并逐渐成为生态文明建设的一个重要载体的前提下，开展森林碳生长与收获模型及其数表编制的研究无论在林业生产，还是理论研究上都具有重要意义。

现阶段，林分尺度上森林生态系统碳储量的研究仅重视不同子系统碳储量的估算，而忽视森林生态系统碳循环等关键生态过程的研究。生态系统尺度上碳循环的研究不仅有助于解释和评价不同尺度上森林碳储量估算的异质性和不确定性，还有助于理解森林生态系统碳循环的生态过程及其驱动因素（方精云等，2006）。在我国，目前关于森林生态系统碳循环系统测定的研究鲜有报道，方精云等（1999，1995）首先论述了用红外 CO_2 分析仪测定树木呼吸速率的方法和技术，该体系包括：①建立树木非同化器官的直径级与其总长度的关系；②建立呼吸速率与直径之间的数量表达式；③推导具有生物学意义的林木呼吸速率计算模型；④建立群落呼吸速率的计算公式，并且运用北京山地 3 种典型森林群落对该方法进行了验证，应用结果显示油松（*Pinus tabuliformis*）、白桦（*Betula platyphylla*）和辽东栎群落的年均呼吸量为 15.5 t·hm^{-2}、8.0 t·hm^{-2} 和 4.9 t·hm^{-2} 干物质。上述研究为开展全国范围内其他典型森林生态系统的碳循环提供了很好地基础，然而这种方法也存在一些不确定性的因素（方精云等，2006），如：①植被碳库并不是向土壤碳库输送有机碳的唯一途径，还可能包括根系分泌物和死亡根系等；②群落的光合同化量很难直接测定，因此估算的结果缺乏验证数据；③群落的呼吸速率受温度的影响，这在长时间尺度研究中较难很好地处理；④该方法只估算了生态系统生物量和凋落物量的净初级生产力，忽略了 NPP 中其他组分的影响，如动物采食、植物根系增长等，同时现有方法在植物体和土壤的呼吸测定以及林木和林分尺度的推算中都可能引起一定的误差，因此在今后应逐渐开展森林生态系统碳循环的精确测定和科学估算的研究。

林分尺度森林生态系统碳储量及其分布除了受林木自身遗传因素的控制外，还受地形、气候以及各种自然干扰过程的影响。为此，很多学者对林分立地条件以及自然干扰过程进行了研究（孟莹莹等，2014；包旭，2013），结果均表明：

合适的自然干扰有利于森林生态系统的正向演替和加强森林的固碳能力,而高强度的干扰则会严重破坏森林生态系统的结构和功能。但现阶段研究仅限于不同干扰措施、不同干扰强度及干扰措施发生后不同恢复年限下的森林生态系统物种多样性、林分生产力以及碳储量的动态变化过程,而很少深入研究森林生态系统的各种过程对这些干扰措施响应的内在机理。因此,应积极开展相关方面的研究,这不仅有助于理解森林生态系统碳循环过程及驱动因素,还有助于提高区域尺度森林碳储量估算精度,更有利于建立森林生态系统的机理驱动模型,从而为更广泛的研究全球气候变化背景下的各种自然和人为干扰对森林生态系统的影响模拟研究。

1.2.3 单木尺度

森林碳储量是森林生态系统最基本的数量特征,它既表明森林的经营水平和开发利用价值,又反应森林生态系统内部及其与周围环境在物质循环和能量流动的复杂关系(唐守正等,2000)。众所周知,森林碳储量测定是非常困难的,而且耗时费力,因此确定一种行之有效而又准确的调查方法是十分必要的。碳储量模型估计法是目前比较流行的,其只需在建模过程中测定一定数量的样木,待模型建立以后就可根据相应的森林资源调查数据应用于同类型林分,如果样本数据来源于更大范围的碳储量调查中,则可大大减小野外调查工作量,同时具有一定的精度保证。

乔木层各器官含碳率是进行单木尺度碳储量研究的核心和关键问题。为此,很多学者对不同地区、不同树种、不同生长阶段的各器官含碳率进行了详细测定。表1-2给出作者整理的不同地区不同树种各器官的含碳率数据,分析结果表明:①相同树种不同器官含碳率显著不同,不同树种相同器官含碳率也显著不同,相同树种不同地区各器官的含碳率也存在明显差异,同一地区不同树种各器官含碳率也显著不同;②我国不同地区、不同树种各器官含碳率均在 $0.4149 \sim 0.5689$ mg·g^{-1} 范围之间波动,其中各器官含碳率的范围分别为:树根 0.4753 ± 0.0401 mg·g^{-1}、树干 0.4989 ± 0.0319 mg·g^{-1}、树枝 0.4938 ± 0.0361 mg·g^{-1}、树叶 0.5000 ± 0.0394 mg·g^{-1}。此外,还有研究表明不同径阶同一器官的含碳量差异不显著。因此,林木各器官碳密度的变化规律可基本总结为:对某一地区的特定树种,不同径阶同一器官可使用相同的转化系数,而不同器官不能使用相同的转化系数。

表 1-2　不同地区、不同树种各器官含碳率　　　　mg·g^{-1}

地点	树种	起源	树根	树干	树皮	树枝	树叶	参考文献
陕甘[1)]	油松	人工	0.4798	0.5285	0.5410	0.5400	0.5532	孟蕾等，2010
贵州	马尾松	人工	0.4623	0.5051		0.4466	0.5066	王伊琨等，2014
贵州	柏木	人工	0.4559	0.4498		0.4413	0.4149	王伊琨等，2014
青海	青海云杉	天然	0.4238	0.4800	0.4402	0.4382	0.4524	季波等，2014
广西	米老排	人工	0.5313	0.5435		0.5482	0.5568	刘恩等，2012
广西	红锥	人工	0.5160	0.5400		0.5410	0.5500	刘恩等，2012
湖南	杉木	人工	0.4789	0.5043		0.4957	0.4833	肖复明等，2007
湖南	毛竹	人工	0.4451	0.4668		0.4846	0.4692	肖复明等，2007
江西	湿地松	人工		0.5117		0.5137	0.5335	马泽清等，2007
江西	马尾松	人工		0.5255		0.5085	0.5118	马泽清等，2007
江西	杉木	人工		0.5051		0.4884	0.5335	马泽清等，2007
江西	木荷	人工		0.4609		0.4547	0.4676	马泽清等，2007
黑龙江	长白落叶松	人工	0.4456	0.4820	0.4750	0.4885	0.4990	马炜，2012
河北	华北落叶松	人工	0.5337	0.4971	0.5276	0.5100	0.5107	刘亚茜，2012
河北	杨树	人工	0.4587	0.4527	0.4364	0.4574	0.4482	刘亚茜，2012
内蒙古	白桦	天然		0.4890	0.5689	0.5046	0.5068	李建强，2010
内蒙古	兴安落叶松	天然	0.4232	0.4793	0.4673	0.4908	0.5240	王飞，2013

注：1)陕甘交界处，黄土高原子午岭。

现阶段，森林碳储量研究最常用的方法是利用林木易测因子(如胸径和树高等)和生物量模型来推算林木的生物量，进而再乘以林木的含碳率(如0.45、0.5)将其转化为森林碳储量，因此单木生物量模型的建立是研究森林碳储量的基础和前提。根据生物量模型研究的历史可以看出，生物量的基本形式包括相对生长方程(CAR，$W=ax^b$)和异速生长方程(VAR，$W=ax^b e^{cx}$)两种(唐守正等，2000)，式中自变量的选择应满足(董利虎，2015)：①所选择自变量应易于测定；②所选自变量与生物量关系密切；③自变量的选择宜精不宜多，满足这3条标准且常用的自变量有：胸径(D)、树高(H)、冠幅(CW)、冠长等(CL)以及这些变量的组合(如D^2、DH、D^2H)，根据国内外研究可以看出使用频率最高的还是D^2和D^2H(董利虎，2015；蔡兆炜等，2014；黄兴召等，2014)。在研究方法上，各国学者早期普遍采用各分量生物量实测数据对树木的树干、树枝、树叶和树根分别进行选型和参数估计，即各分量之间生物量的估计是独立进行的，这造成了各分量模型间的不相容问题，即树干、树枝、树叶和树根的总和不等于单木总生物量(参见 1.2.1.2 林分尺度部分;唐守正等,2000)。为此,唐守正等(2000)提出了相容性单木生物量模型的建立和估计方法,此后张会儒等(1999)、胥辉(1999)又很好地发扬和继承了该方法。在上述研究方法的基础上,董利虎(2015)、蔡兆炜等(2014)、黄兴召等(2014)则分别建立了黑龙江省15 个主要优势树种(组)、福建杉木(*Cunninghamia lanceolata*)人工林和辽东山区日本落叶松(*Larix kaempferi*)人工林的相容性度量误差模型,胥辉(1999)、曾伟生等(2010)则分别建立了不同地区不同树种与蓄积相容的立木生物量模型。另外,由于生物量建模中普遍存在异方差性,在拟合过程中需要采取有效措施消除异方差的影响。现阶段常用方法有对数变换和加权回归(董利虎,2015),但由于相容性生物量模型的系统结构和参数估计方法极为复杂,因此对数回归方法并不适用于这类研究。对于加权回归法,权函数的选择也有多种方法,如函数自身(曾伟生,1998)和幂函数型(董利虎,2015)等,目前多数学者采用的权函数是根据林木各组分生物量独立拟合方程的方差所建立的一元回归方程($W=1/D^x$)来消除生物量模型中的异方差现象(董利虎,2015;蔡兆炜等,2014;黄兴召等,2014)。综上可知,虽然非线性联合估计法很好地解决生物量估计领域的相容性问题,但基于生物量的碳储量研究,忽略了林木各组分含碳不相同的客观事实,采用固定的含碳率必然会造成单木尺度碳储量的有偏估计。

单木碳储量模型的研究虽然起步较晚,但起点较高、发展较快,其是在单木生物量模型研究的基础上发展起来的。国内外部分学者对此进行了积极探索,如高慧淋等(2014)基于相容性生物量模型的思想比较了直接法(以林木各组分碳储量为因变量,林木因子为自变量)和间接法(以各组分生物量模型为基础,乘以不同含碳系数进行转换)估计红松(*Pinus koraiensis*)立木碳储量的精度,结果显示林木各组分间接法(碳含率取 0.5)的预估精度比直接法明显下降 0.13%~2.2%,而采用平均含碳率和直接法相比则差异不显著(精度下降 0.3%以内),并且这种误差来源主要受单木各器官含碳率的设定值(C_0)与实测值(C)的比值(即,C_0/C)大小的影响;黄贤松等(2013)则建立了杉木人工林各组分碳储量与材积相容模型,预估精度均在 95%以上。综上可以看出,直接建立单木碳储量模型不仅可以提高模型的预测精度,同时还能够节省区域尺度森林碳储量核算中数据处理的人力时间成本和资金成本,更重要的是可避免在复杂的数据转换中造成的误差传播和积累扩散现象,进而大幅提高森林碳储量核算的精度。

1.2.4 经营措施影响

森林经营作为一种重要的人工干扰措施，主要通过调控林分密度、林分结构等改善林分环境、促进林木生长，同时对林分内微气象环境也会有重要影响（成向荣等，2012），这些反过来又会影响森林生态系统内部碳循环和碳平衡过程。同时，我国大面积的人工林均面临着结构不合理、林地生产力低等问题（徐济德，2014），而加强人工林的经营管理水平被认为是增加森林生态系统碳储量以及减缓全球气候变化的一种可能机制和最有希望的选择。因此，研究不同经营措施对森林生态系统碳储量及其动态的影响成为森林资源经营亟待解决的关键问题。

1.2.4.1 经营措施对森林碳储量影响研究现状

现阶段，国内外相关研究多集中在经营措施对林木生长（马履一等，2007）、木材材质（Edith et al.，2004）、物种多样性（Jessica et al.，2007）以及林地土壤养分（Raimo et al.，2010）等的影响，而对不同森林生态系统碳储量及其动态变化影响的研究鲜有报道。为此，本文在系统分析国内外相关研究成果的基础上，分别从树种选择、采伐方式和强度、森林经营模式以及经营模型模拟等方面，总结不同营林措施对森林生态系统总碳储量以及各组分碳储量的影响，以期为制定科学的森林经营计划和相关研究提供借鉴。

不同树种具有不同的固碳能力，选择生长速率块、寿命长的树种造林，是提高森林固碳量的有效途径。Zheng 等（2007）比较了 4 种不同林型 14 年生森林生态系统碳储量特征，结果表明 4 种林型碳储量分别为天然次生林（141.99 t C·hm^{-2}）>茶树林（*Camellia sinensis*，113.09 t C·hm^{-2}）>湿地松人工林（*Pinus elliottii*，104.07 t C·hm^{-2}）>杉木人工林（102.95 t C·hm^{-2}），其中约 60%的碳储量固定在土壤层中；田大伦等（2011）比较了喀斯特地区 4 种植被恢复模式幼林生态系统碳储量及其空间分布特征，结果显示 4 种植被恢复模式碳储量分别为柏木林（*Cupressus funebris*，127.92 t C·hm^{-2}）>楸树林（*Catalpa bungei*，117.21 t C·hm^{-2}）>花椒林（*Zanthoxylum bungeanum*，84.12 t C·hm^{-2}）>车桑子林（*Dodonaea viscose*，53.73 t C·hm^{-2}），且均表现为土壤层>植被层>枯落物层，4 种林型中楸树林固碳能力最高（1.18 t C·hm^{-2}·a^{-1}），其次为车桑子林（0.69 t C·hm^{-2}·a^{-1}），柏木林最低（0.08 t C·hm^{-2}·a^{-1}）。综上分析，不同树种固碳能力与固碳潜力均存在显著性差异，因此在碳汇林营造过程中应选择固碳能力显著地树种进行造林和培育，同时为了避免人工纯林生态系统结构和功能稳定性差等问题，还应注重不同固碳树种空间配置的优化布局，这方面还有待于进一步研究。

森林采伐可从林分内部移出一定比例的木材蓄积,因此在短期内植被的碳储量必然显著减少,但采伐可改善林木生长环境、促进林木生长、提高林分生产力以及林下物种多样性、改善土壤理化性质、优化林分结构和提高林分生态稳定性等,因此会对森林生态系统的碳循环过程及其碳储量的空间布局产生显著影响,但经营措施对不同森林类型碳储量的影响效果不同,因此研究不同森林经营措施对森林生态系统碳储量影响的短期和长期效应具有重要意义。Powers 等(2011)研究了美国北部不同经营方式对赤松(*Pinus resinosa*)人工林和硬阔次生林碳储量的影响,结果表明长期的(50年)森林经营降低了2种林型乔木层碳储量,但不同采伐强度对赤松林碳储量影响较小,而硬阔次生林碳储量则随着采伐强度的增加而降低;赤松间伐林分和硬阔次生林经营林分的碳储量分别比未经营林分下降了约30%和60.94%,经营林分内幼树和粗木质残体的碳储量显著低于未经营林分,但经营措施对林下植被、枯落层和土壤层碳储量影响不显著,同时研究表明不同择伐强度对赤松林总碳储量和单木碳储量影响不显著,但对硬阔次生林择伐方式林分的碳储量显著高于渐伐和径级伐;当把采伐林木的碳储量也考虑在内时,硬阔次生林经营林分碳储量与未经营林分基本相同,但赤松林经营林分则显著小于未经营林分。

随着森林碳汇作用受到越来越多的重视,我国学者在这方面也开展了部分研究。成向荣等(2012)对比分析了不同间伐强度下5年后麻栎人工林碳密度及其空间分布特征,结果表明林分总碳密度依次为间伐30%>间伐50%>间伐15%>对照,各种择伐强度分别比对照增加 $16.3\ t\ C\cdot hm^{-2}$、$14.5\ t\ C\cdot hm^{-2}$ 和 $3.6\ t\ C\cdot hm^{-2}$,说明间伐30%最有利于麻栎人工林碳密度的增加;明安刚等(2013)则研究了抚育间伐17年后25年生马尾松人工林碳储量,结果显示间伐措施有利于提高马尾松乔木层碳储量,而不利于林下地被物和凋落物碳的积累,同时对土壤层和生态系统总碳贮量无显著影响,并且不影响乔木层各器官碳储量的分配格局;牟长城等(2014)对比了不同择伐强度对长白山"栽针保阔"红松林植被碳储量影响,结果显示轻、中、强度择伐显著大幅度降低植被碳储量(22.5%~29.8%),而全透光则相对小幅度降低植被碳储量(16.1%),因此如从维持植被碳库角度考虑,则对"栽针保阔"红松林采取中低强度择伐或小范围上层透光全抚育方式比较适宜;刘琦等(2013)则研究了30%择伐强度对阔叶红松林碳储量的影响,结果显示择伐34年后原始林和择伐林总碳储量与植被层、碎屑层和土壤层碳储量均无显著差异,表明择伐34年后阔叶红松林碳密度恢复到了择伐前水平。

综合上述分析可以看出,不同经营措施对森林碳储量的影响显著不同,这主要是因为森林资源具有明显的空间异质性和时间动态性，很难用某个点的试验性研究结果来解释某种经营措施的影响机制，同时现阶段多数研究仅重视经营措施的短期效应，这很难定量反应森林碳储量长期地动态变化过程。但一般来说，采伐强度在20%~40%之间，对森林生态系统碳储量的短期恢复具有显著地促进作用。对森林进行经营后，短期内会显著增加森林乔木层的碳储量，而长期内林分总碳储量和乔木层碳储量则基本可恢复到对照林分水平。经营措施通常不影响乔木层各器官碳储量的分配格局，但对森林生态系统各组分碳储量的影响则因采伐方式、采伐强度和恢复年限等而显著不同。

1.2.4.2 经营措施对森林碳储量影响研究中存在问题及发展趋势

许多经营措施都会对森林生态系统碳储量造成影响，但因森林资源明显的空间异质性和时间动态性，造成森林碳储量对不同经营措施的响应也各不相同。因此，如何在森林经营管理过程中增加森林的碳汇功能，是林业经营中亟待解决的关键问题。但综合国内外相关研究现状，目前主要存在如下问题：

(1)研究时间尺度较短。由于不同时期森林经营目标以及数据获取难易程度等限制，现有研究大多只关注森林经营措施的短期效应，但森林生态系统碳结构和功能的响应必须经过足够长的时间才会显现，特别是经营活动对森林土壤层碳储量的影响程度及机理还不明确，急需进行长期地跟踪研究。建立森林长期固定观测样地是进行这类研究最有效的方法，但世界各国森林碳汇经营的历史都不长(自1997年《京都议定书》正式签约生效以后)，因此这方面的数据还极为缺乏。虽然世界各主要森林资源大国均有一套固定的森林资源监测体系，但其所提供的数据也基本限于乔木层的蓄积量数据，严重缺乏林下植被层、枯落层以及土壤层相关数据，这并不适用于整个森林生态系统碳储量及其分配格局的研究。因此，对于数据获取，可充分借鉴植物群落学研究中的"空间代替时间"的方法，选取立地条件和经营措施基本一致的森林经营时间序列数据，来研究不同经营措施对森林生态系统碳储量及其动态变化的长期效应。

(2)模型模拟的不确定性问题突出。森林经营模拟模型在一定程度上克服了试验性方法中存在的不足，可以进行森林碳储量对经营措施响应的长期动态模拟。但现阶段应用较多的模型(如FORECAST、LANDIS等)均是各种基本假设、经验模型和过程模型的耦合，但以人类目前的认知水平还不能很好地描述各种森林生态过程及其相互耦合的复杂关系，同时由于森林资源、气候条件、立地条件、经营措施等显著地空间异质性和时间异质性，不同地区不同林型的各种森林生态过程可能存在显著差异，因此这些模型的跨地区应用效果往往会受到质疑。同时，现阶段这些模型对森林生态系统中关键生态过程考虑的也不全面，如 FORECAST 模型未考虑水分对生长的影响。因此，构建跨学科、跨地区、跨平台的森林经营模拟模型是当前急需解决的问题。

(3) 缺乏科学可用的林分生长与收获模型。林分生长与收获模型是研究、评价和监测森林资源动态的主要方法，但现阶段这类模型一般只模拟到林分蓄积量，很少涉及林分生物量，更未涉及碳储量问题。然而，林分生长与收获模型也可应用于营林措施对森林碳储量影响的模拟中。但要进行这项研究首先需要解决两项关键问题：一是应建立林分尺度上的森林碳储量的生长与收获模型；二是应量化实施不同经营措施后林分状态的转移过程。

(4) 缺乏科学有效的经营技术标准。森林碳汇经营已经受到越来越多的重视，但目前还缺科学的、统一的和可操作的技术标准。为此，应根据全国不同地区、不同林分类型、不同经营措施的试验结果以及模型模拟结果综合制定符合我国林业特点的森林碳汇经营技术标准。以间伐为例，需要确定间伐时间、间伐强度、间伐方式、间伐木选择标准、间伐木及其剩余物处理等一系列问题，更重要的是建立森林碳汇经营的可持续发展技术体系。

(5) 缺乏科学合理的综合评价技术。森林生态服务功能多种多样，在研究某种经营方式对森林碳储量的影响时，还应考虑其对其他服务功能的干扰作用。如去掉林分内小径阶林木的间伐方式有利于森林碳储量的增加，但其能否维持较高的物种多样性；以及是否存在合适的采伐方式和强度，既有利于森林碳储量的增加，又有利于生物多样性的保护。

1.3　森林经营规划研究现状

森林能够提供诸如木材生产、娱乐消遣、野生动植物生境保护以及水源涵养等功能，因此森林经营管理本质上是一个复杂的多目标决策过程。但这些经营目标在本质上往往是相互冲突的，因此定量模拟这些经营目标之间的平衡关系能够有效保护森林经营过程中各利益相关方的权益，进而实现森林资源的可持续经营。目前，森林多目标规划经营已受到越来越多的重视，但森林多目标规划经营技术在我国林业研究和应用中并不多见，为此本研究从森林多目标规划模型的基本概念、形式及基本问题入手，对森林规划模型形式和优化算法进行系统梳理，以期为后续研究提供基础和借鉴。

1.3.1 森林多目标规划基本问题

1.3.1.1 森林多目标规划模型基本形式

森林规划模型本质上是一种特殊的数学模型，其一般包括建立目标函数、确定约束条件及利用优化算法求解等过程。以往对森林多目标经营优先顺序的确定主要是通过人为主观的方式确定，但这些方面往往是相互矛盾的，即不存在一种经营方式能使所有的目标同时达到最优状态。森林某一经营目标的改善，往往是以牺牲其他一个或多个目标的降低为代价。因此，只有通过定量方式，综合评价不同森林经营措施对众多经营目标的影响，才能够找到使森林资源综合效益最大化的经营方案。根据运筹学中多目标优化算法定义，森林多目标规划问题可概括描述为(Bettinger et al., 2009)：

目标：$z = \min f_i(x)$ 或 $\max f_i(x)$ (1-12)

约束：$h_i(x) = 0 \quad i = 1, 2, \cdots, m_e$ (1-13)

$g_j(x) \leq 0 \quad j = m_e+1, m_e+2, \cdots, m_e+m$ (1-14)

$x_i \geq 0$ 或 $=0$ or 1 或 $=$ 整数 (1-15)

式中：z 为优化目标的最小或最大问题的数学表达式；$f_i(x)$ 是第 i 个决策目标的函数式；$h_i(x)$ 和 $g_i(x)$ 分别为第 i 个决策目标的等式和不等式约束，其共同限定了 x 的取值范围(可行域)，即 $x \in \Omega$；$x = (x_1, x_2, \cdots, x_n)^T$ 为决策变量，其中 x 可以为连续型、0-1型或整数型变量。如图1-4所示，同时满足约束式(1-13)、(1-14)和(1-15)的解 x 称为可行解，满足式(1-12)的可行解 x^* 称为最优解。如果在某个可行解 x^* 的附近(x^* 的某个邻域)，x^* 使目标函数值达到最优(即将可行域限定在 x^* 的某个邻域中时 x^* 是最优解)，但不一定是整个可行域上的最优解，则称为局部最优解(如 x_1)。相对于局部最优解，整个可行域上的最优解可称为全局最优解(如 x_2)。

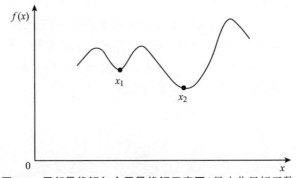

图 1-4 局部最优解与全局最优解示意图(最小化目标函数)

1.3.1.2 森林规划模型的复杂性

虽然森林多目标规划问题的数学模型形式较为简单,但该类问题可行解的数量随变量维数的增加而迅速增加(赵秋红和肖依永,2013)。如果假定决策变量(经营措施选项)x_i取值均为0-1型变量,则这些变量的任意组合均可作为一个可行解,则$x_i(i=1, 2, \cdots, m)$的所有组合共有2^m种可能;当m从1增加到12时,可行解数量将由2增加到4096个,呈明显指数型增长趋势。如果假定有且仅有两个林分,每个林分备选经营措施可以有k个,则所有组合共有k^2种可能;当k从1增加到12时,可行解数量将由1增加到144个,呈明显多项式型增长趋势(图1-5)。显然,当问题规模不断增大时,求解这些问题最优解需要的计算量和存储空间的增长速度非常快,会出现所谓的"组合爆炸"现象,在现有计算能力和时间限制下,通过各种枚举方法来寻找并获得最优解几乎变得不可能。为此,人们退而寻求虽然不能够保证得到最优解,但具有较好地求解效率的算法,这其中就包括目前广泛使用的启发式方法。

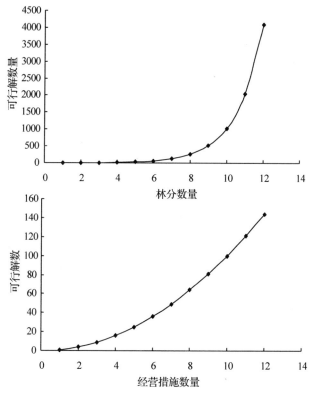

图1-5 0-1型组合优化问题中可行解数量随林分数量(上)和经营措施数量(下)取值变化关系

森林规划模型综合了林分生长与收获模型、空间数据处理模型、规划求解算法以及其他相关技术，因此其自身的内部组织结构便极为复杂（图1-6）。林分生长与收获模型主要包括林分正常情况和受干扰情况下的生长模拟和预测模型，是进行森林规划研究的基础；空间数据指景观斑块（或林分）在空间上的分布与配置，如果加入森林规划模型中，将会极大的限制森林规划模型可行解的数量，通常是实现森林生态效益的保障；约束条件则包括林分生长规律、空间关系、生态条件以及其他相关方面的约束，是获得满意森林规划方案的基本要求；而规划算法是实现森林规划目标的主要技术手段。

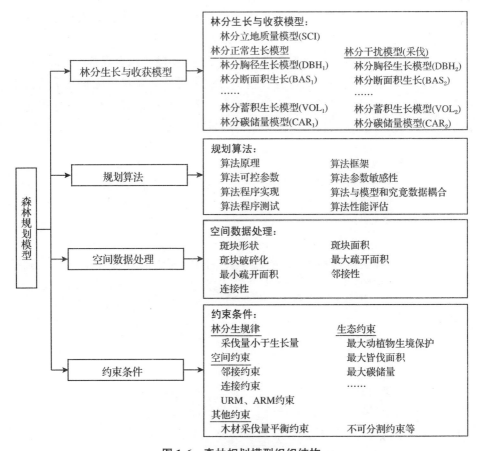

图1-6　森林规划模型组织结构

1.3.1.3　森林规划模型的不确定性

在林业生产中，引起森林规划模型不确定性的因素很多，Pasalodos-Tato 等

(2013)将其归纳为调查数据、林分生长预测、林木产品价格、决策者偏好和自然干扰共5个方面。虽然林木生长过程往往具有一定的规律,但也会因气候、地形等因素而呈出显著的空间异质性。林分调查数据作为森林规划的基础,其精度和准确度同样会影响森林规划结果。除此之外,森林经营决策者的偏好同样会影响森林规划的结果。决策者是选定最终森林经营方案的主体,但其很难给出各种森林经营目标的相对重要性,也就是说反应森林木材生产、生态服务和其他森林功能相对重要性的效用函数与真实规划模型中的数值可能不完全相同。显然,当森林规划中的风险因素和不确定性因素被考虑时,规划模型求得的结果将会显著不同。通常来说,如果风险因素概率分布是已知,则其规划结果也是可控的;而若风险因素概率未知,则规划结果的不确定性将会变得更加突出(Pukkala & Multiple, 1998)。但现实中各种风险源的概率分布是很难准确掌握的,因此任何建立在估计、预测和假设基础上规划结果都会存在不确定性。

国内外很多学者采用不同的方法对森林规划过程中产生的风险源和不确定性因素进行了定量分析。在森林调查数据方面,Kangas等(2006)采用SMAA-2方法比较了森林调查数据有无依赖关系对森林经营决策的影响,结果显示若忽略数据间的关联性则会降低规划结果的可信度;Gilabert & McDill(2010)采用线性规划和成本损失法(Cost+Loss approach)研究了不同森林数据调查强度(固定样地和临时样地)对规划结果的影响,作者建立了不同模拟数量下成本损失法的目标函数值与数据调查强度的关系式,据此估计固定样地和临时样地的最佳数量,结果表明智利南部辐射松林分的固定样地数量过多而临时样地数量过少,急需对不同样地类型数量进行优化。Pukkala和Miina(2005)指出森林特征的空间异质性也会影响森林规划模型的结果,研究结果表明虽然首次采伐可以降低林分断面积的空间异质性,但其仍会对以后的采伐规划产生显著影响,此外,林分的异质性还会减少林地期望价值、净现值和木材产量。

在林木产品价格方面的研究相对较少,仅Pukkala和Multiple(1998)则以木材经济价值为目标函数研究了生物因素和决策者偏好对森林规划结果的影响,结果显示决策者偏好对森林规划结果有显著影响,极端风险规避者获得目标函数值分布范围较窄,而极端风险爱好者获得目标函数值分布范围则较广,说明极端风险爱好者可选森林经营方案数量明显多于极端风险回避者;若在森林规划模型中考虑林分生长模型的随机作用,则其对规划结果的影响作用较弱且不具有规律性,模拟实例表明加入随机成分后各林分规划经营措施与确定模型不同的比例仅为8%~15%;而风险中立者所遭受的经济损失较极端风险规避者和极端风险爱好者明显偏低,仅为0~3.2%。

全球气候变化背景下的森林规划同样面临严峻挑战。Bettinger等(2013)指出因气候变化引起的森林植被类型、土地利用类型和林木生长与收获过程的变化是森林规划中应考虑的问题，在传统森林规划模型研究重点的基础上应重点考虑自然干扰和外来物种入侵的影响，同时鉴于这些因素通常是不可预测的，因此在规划模型中加入随机过程是目前可行的方法；作者在对 2009 年以来参考文献分析基础上指出，气候变化背景下的植被分布格局、碳储存和气候模型分解等研究较多，而很少设计自然干扰过程。可以看出，目前无论是理论研究还是生产实践人员都很重视气候因素对森林长期规划的影响，但现阶段还主要限于理论探讨阶段，很少开展这方面的定量研究。

1.3.2 森林多目标规划模型

1.3.2.1 森林层级规划系统

森林规划为森林资源的管理提供了一个有效的框架，允许森林经营者分析、比较和评价不同森林经营方案的实施效果。通常情况下，森林规划过程有利于森林经营者理解不同经营方案下森林的经济、生态和社会效益的变化，也有助于森林经营者掌握森林经营过程中的潜在风险和不确定性。森林资源的管理具有明显的层级结构。因此，森林规划模型依据尺度从大到小可依次分为战略规划、战术规划和操作规划 3 个层级（Bettinger et al., 2009）（图 1-7）。随着规划内容详细程度的增加，规划过程投入人员的数量也呈明显增加趋势。现实中，这 3 种规划并不会被全部同时采用，而是一个战略规划和多个操作规划组合应用。

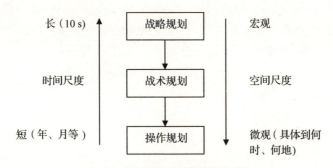

图 1-7　层级规划系统区别与联系

战略规划一般关注于森林长期的、大范围的经营目标，如野生动植物生境保护、木材生产等，在这一层级通常不考虑森林规划的空间问题，其最终目的是评估森林管理策略对森林规划结果的影响（Bettinger et al., 2009）。战术规划将空间关系和森林经营措施紧密联系起来，其规划期一般为 1~20 年。战术规划利用林分的地理信息和林分生长与收获模型来表征林分空间关系和属性信息，进而确定合适的森林经营措施。战术规划结果一般能够提供各种森林经营措施实施的时间和地点。操作规划主要研究具体营林措施安排和资源优化配置问题，这是高级规划目标(战略规划和战术规划)实现的基本保障。战术规划通常包括短期(年度、月度、周度或每天)的营林措施安排、资源配置优化等问题。

1.3.2.2 森林多目标规划研究对象

森林多目标规划的研究内容涉及森林经济、生态和社会效益的各个方面(表1-3)。20世纪80—90年代的规划模型中的目标函数通常为木材产量和净现值最大，而约束条件则主要为法正龄级分配、木材产量均衡、采伐量小于生长量以及非负约束等(周国模，1989；黄家荣，1993)。随着人们对森林生态功能重视程度的增加，森林规划模型中考虑生态功能和约束的研究(或应用)案例越来越多(表1-3，表1-4)。如 Gonzalez-Olabarria 和 Pukkala(2010)建立了地中海地区森林木材产量最大和较高防火性能的森林规划模型，要求在规划期内同时实现最大化的木材蓄积量、净现值、防火能力以及林火发生概率的空间聚集程度；Heinonen 等(2009)建立了风害对森林影响的多目标规划模型，在规划期内应实

表1-3 森林多目标规划目标函数分类

大类	主要类别	细分类别
经济目标	经济价值	净现值最大、收入最大、费用最小
	商品生产	木材产量最大、蓄积量最大、出材量最大
	生产过程	经营成本最小
生态目标	野生动植物生境	生境面积最大、生境质量最好、生境内关键物种数量最多、各生境斑块间具有较好的连通性
	森林结构	森林微观结构(相邻木法)最优、林型空间配置与优化
	生物多样性	生物多样性最高
	碳贮存	碳储量最大
	水源涵养	水源涵养量最大
	防火	过火面积、频率以及危害最小
	极端气象事件干扰	极端气象事件(风、降雨、冰冻、雪压等)导致的受损面积、频率以及危害最小
	景观	景观结构更合理、更稳定
	保护区区划	用地面积最小，保护效率最高
社会目标	娱乐游憩	游憩价值最大
其他目标	邻接	经营措施或其他目标空间紧凑(或分散)

表1-4 森林多目标规划约束条件分类

大类	主要类别	细分类别
生长约束	采伐量约束	采伐量小于生长量(或其他数值)
	龄级结构约束	遵循法正林龄级分布
资源约束	面积约束	经营区域总面积约束、各土地利用类型和林型面积约束
	数量约束	造林中的种苗数量约束
经济约束	资金限制量约束	资金约束
	均衡收获约束	各规划分期产量均衡
生态约束	空间连续性	经营措施、野生动植物生境、景观斑块等空间聚集(或分散)
	空间连通性	林区道路连通性
其他约束	政策性约束	

现各规划分期木材蓄积和抗风能力的最大化;Baskent 和 Jordan(2002)建立的森林景观规划模型中要求,森林经营目标应满足实现最大化木材蓄积、均衡木材产量、皆伐斑块面积($40 \sim 100\ hm^2$)、禁止同一规划期内相邻林分同时被皆伐以及实现森林采伐斑块面积的倒"J"型分布等要求。综合上述分析可看出,森林生态规划模型往往是在传统经济规划模型的基础上,加入生态目标和相关约束条件,其约束条件往往与空间信息密切相关。

1.3.2.3 森林多目标规划的组织形式

森林多目标规划模型能够将各决策变量的信息进行有效组合,确定决策变量与经营目标之间的内在关系,因此如何建立有效的森林规划模型是进行此类研究的前提。常用的目标函数形式主要有线性规划化、目标规划、效用函数以及惩罚函数等。本书将对这4种多目标规划模型形式进行详细介绍:

(1)线性规划(Line Programming, LP)

线性规划是使用最早、应用范围最广的多目标函数组织形式,根据其对决策变量的约束又可细分为传统线性规划、整数规划和混合整数规划等。线性规划形式包含两种:一是在众多的森林经营目标中选取最重要的变量将其作为目标函数,而将其余目标转化为约束条件;二是通过加权的方式,将各经营目标以不同的权重加入目标函数中,其最终形式相当于单目标的线性规划模型。根据线性规划定义,典型森林规划问题可表示为(Bettinger et al., 2009):

$$\text{Max}\ z = \sum_{k=1}^{m} \sum_{j=1}^{n_k} c_{kj} x_{kj} \qquad (1\text{-}16)$$

满足

$$\sum_{k=1}^{m} \sum_{j=1}^{n_k} c_{kj} x_{kj} \geq b_i \qquad i = 1, \cdots, q \qquad (1\text{-}17)$$

$$\sum_{k=1}^{m}\sum_{j=1}^{n_k} c_{kj}x_{kj} \leq b_i \qquad i = q+1, \cdots, p \qquad (1\text{-}18)$$

$$\sum_{j=1}^{n} x_{kj} = 1 \qquad k = 1, \cdots, m \qquad (1\text{-}19)$$

$$x_{jk} \geq 0; \quad \forall k = 1, \cdots, m; j = 1, \cdots, n_k \qquad (1\text{-}20)$$

式中：式(1-16)为线性多目标规划的目标函数；式(1-17)和式(1-18)为线性规划的最大和最小值约束；式(1-19)限定第 k 规划周期内林分 j 采用各项经营措施面积等于该林分总面积，即该规划模型中允许林分被分割；式(1-20)为非负约束；n_k 是备选的经营措施数量；p 是约束条件个数；b_i 是约束条件右侧的收敛指标；x_{kj} 是第 k 个林分中采用第 j 项经营措施的面积；线性规划(Linear Programming, LP)、整数规划(Integer Programming, IP)或混合整数规划(Mixed Integer Programming, MIP)是解决这类问题的主要算法。线性规划假设所有的决策变量是未知的、连续的，而混合整数规划模型则允许这些决策变量中的某一部分(非全部)为整数型，其他的则依然为连续性。

(2)目标规划(Goal Programming，GP)

目标规划是线性规划的一种特例，其能够实现多个相互冲突目标的综合优化。目标规划一般包含两种形式：直接法和间接法。直接法以实现各规划目标为准则，而间接法则是以实现多个目标的最小偏离为准则。两种方法均可以通过加权的方式来反映森林经营者对各目标的重视程度。间接法在现阶段的森林规划中应用较多，其用数学公式可表示为(Bettinger et al., 2009)：

$$\text{Min} \sum_{i=1}^{p} w_i^- D_i^- + w_i^+ D_i^+ \qquad (1\text{-}21)$$

满足

$$\sum_{j=1}^{n} a_{ij} + D_i^- + D_i^+ = G_i \qquad i = 1, \cdots, p \qquad (1\text{-}22)$$

$$\sum_{j=1}^{n} a_{ij} \leq (or =, or \geq) b_i \qquad i = p+1, \cdots, P \qquad (1\text{-}23)$$

$$x_j, D_i^-, D_i^+ \geq 0 \qquad \forall i, j \qquad (1\text{-}24)$$

式中：式(1-21)是 GP 的目标函数；式(1-22)是目标规划的约束条件；式(1-23)是普通线性规划的约束条件；式(1-24)是决策变量和偏差变量的非负约束；p 是目标规划的约数个数；P 是总约束条件的个数；在目标函数和约束条件中，D_i^- 是负偏离量，D_i^+ 是正偏离变量，所有偏差变量都必须满足非负约束式(1-24)，这些变量必定满足一部分为 0，另一部分以 0 为中心左右均匀分布。如果负偏差变量大于 0，则负偏差量 D_i^- 加入 $\sum_{j=1}^{n} a_{ij}x_j$ 以使目标 i 满足 G_i；如果 D_i^+ 大于 0，则需 $\sum_{j=1}^{n} a_{ij}x_j$ 减去 D_i^+。

（3）效用函数（Utility Function，UF）

效用函数理论是将多个森林经营目标组织到一个森林规划模型中的有效方法。效用函数方程通常是一个可加性的线性模型，其反映了森林决策者对各个经营目标的重视程度，可加性效用函数（Multi-additive Utility Function，MAUF）用数学公式可表示为（林纹嫔和冯丰隆，2007）：

$$\text{Max } U = \sum_{k=1}^{K} w_k u_k q_k \tag{1-25}$$

满足

$$q_k = Q_k(x) \quad k = 1, \cdots, K \tag{1-26}$$

$$\sum_{i=1}^{n_j} x_{in} = 1 \quad j = 1, \cdots, n \tag{1-27}$$

$$x_{in} = \{0, 1\} \tag{1-28}$$

式（1-25）是效用函数的目标函数；式（1-26）是各规划目标的子效用函数；式（1-27）限定每个林分只允许有一种经营措施；式（1-28）是离散型整数约束；U 为总效用函数值；K 为规划目标的个数；w_k 为经营目标 k 的相对重要性，可由决策者设定，也可采用层次分析法来确定其权重；u_k 是经营目标 k 的子效用函数；x 是 0-1 型变量，其中 $x=1$ 表示在林分 j 内采用第 i 种经营措施；反之，则不采用；n_j 为第 j 个林分的经营措施选项，需要特别说明的是效用函数模型不要求决策变量也为 0-1 型变量。

可加性效用函数模型虽然在森林规划模型中取得了广泛应用，但其存在一个较差的目标变量可能被其他较好的目标变量所掩饰的缺陷。如果规划模型中各个变量不是线性关系，则这些变量不具有等价替代作用，为此可采用可乘性效用函数（Multiplicative Utility Function，MPUF）来解决此类问题（Bettinger et al.，2009）：

$$U = \prod_{k=1}^{K} (u_k q_k)^{w_k} \tag{1-29}$$

根据上式可知，如果子效应函数中任意一个为 0，则总效应函数 $U=0$。可乘性效用函数是众多森林生态规划问题的现实选择，如决策变量为生境面积、生境质量等。对于物种多样性的保护问题，则要求任何一种生境类型的效应函数值都不应为 0。但如果森林规划问题中的决策变量部分为可替代变量，而其他为不可替代变量，则可采用可加性和可乘性效用函数的组合形式（Multi-additive and Placative Utility Function，MAPUF；Bettinger et al.，2009）：

$$U = \left(\sum_{k=1}^{I} w_k u_k q_k\right) \prod_{k=I+1}^{K} (u_k q_k)^{w_k} \qquad (1\text{-}30)$$

式中：I 为可替代性变量的数量；K 为不可替代性变量的数量，其他变量如前所述。

子效用函数是效用函数理论的重要组成部分，其反映了各规划目标变量值与子效用函数值的一一对应关系（林纹嫔和冯丰隆，2007）。子效用函数常采用各种变换方法将不同目标函数值拉伸到[0,1]范围之内，这不仅可以消除不同变量的单位效应，还有利于确定各目标的权重（w_k）。常用的子效用函数如图1-8所示。图1-8 A、C均为线性递增关系；图1-8B则为显著地线性递减关系；图1-8D则为典型的分段折线结构，对应规划模型中的"大于"约束，当目标小于约束条件时，效用函数值不变；当大于某一约束条件时，则效用函数值显著增加；当其继续增加时，效用函数值则不再增加。

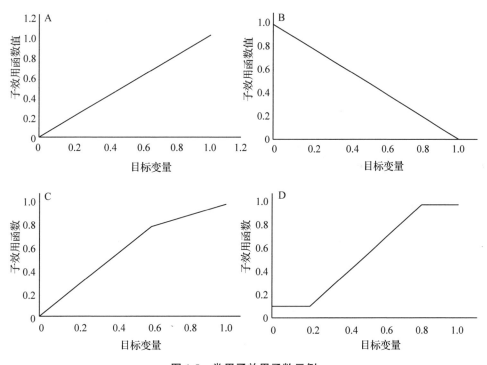

图1-8 常用子效用函数示例

（4）惩罚函数（Penalty Function，PF）

惩罚函数是另一种有效的森林多目标规划模型的组建方法，其是通过在原始线性规划模型的目标函数的基础上再加入一个惩罚函数构成的。其用数学公式可表示为（Borges et al.，2014）：

$$z = \sum_{k=1}^{m} \sum_{j=1}^{n_k} c_{kj} x_{kj} - \sum_{k=2}^{K} w_k |q_k - T_k|^{\alpha} \qquad (1\text{-}31)$$

式中：w_k、q_k 和 T_k 分别为经营目标 k 的权重、质量和目标值；参数 α 确定惩罚函数随经营目标的偏离而变化的速率。该方法的目的是为在实现 1 个目标变量（$k=1$）最大化的同时保证其他目标（$k=2$，…，K）也具有较好的结果。惩罚函数中目标变量的大小取决于决策变量（x_{ij}）的大小，这种关系可以被描述为：

$$q_k = Q_k(x) \qquad (1\text{-}32)$$

式中：$Q_k(x)$ 是决策变量 x 的一种函数，在该方程中并不要求惩罚变量与决策变量呈线性关系，但如果两者可表述为线性关系，则其可写为：

$$z = Q_1(x) - \sum_{k=2}^{K} w_k |Q_k(x) - T_k|^{\alpha} \qquad (1\text{-}33)$$

惩罚函数的形式可为具体的数学函数，也可以为近似于效用函数的形式（图 1-9）。但现阶段惩罚函数形式在森林规划问题研究中并不多见（Pukkala & Heinonen，2006；Broges et al.，2014）。

1.3.2.4 森林规划模型分类

森林规划模型有多重分类方法，根据规划模型是否包含林分的空间信息，可以将其分为非空间规划模型和空间规划模型。

1.3.2.4.1 非空间规划

非空间规划是森林经营中最早使用的技术手段，其中森林永续利用思想就是最典型的森林非空间规划模型之一。非空间规划总是假定一个林分的经营措施对其周围的林分没有影响。在林业规划中，非空间规划问题最早引起人们的注意，其中最典型的问题即为满足法正林要求的森林规划问题，这类问题一般要求在规划周期内实现木材蓄积、贴现纯收益以及规格材出材量最大化，且能够满足林分的生长约束、土地面积约束、林分龄级法正分布以及木材产量均衡的约束。由于人工同龄林的收获调整问题相对较为简单，我国学者首先在这方面进行了一些探索，如王才旺（1991）采用目标规划法建立了能够同时满足龄级结构调整、收获量均衡以及总收获量和贴现收益最高的规划模型；周国模（1989）采用目标规划建立了满足木材收获、贴现收益和期末总蓄积的最大化模型。在对同龄林相关研究积累的基础上，部分学者逐渐开展了异龄林的相关规划研究，如 Pukkala 和 Miina（2005）在研究林分异质性（林分密度）对森林规划结果的影响时采用目标规划方法建立了林分径阶分布调整模型；Diaz-Balteiro 和 Romero（2004）采用目标规划方法建立了集成 11 项反应森林可持续经营指标的规划模型。

综上分析可知，在森林非空间规划模型中，研究者主要考虑森林木材收获和结构稳定性问题，采用的模型建立和求解方法则主要为线性规划、目标规划和整数规划等。虽然这类研究在实现森林木材可持续生产方面发挥了巨大作用，但不可否认的是，一个林分采取什么样的经营措施必然会对其周围其他林分产生显著影响，如皆伐既会破坏森林的景观结构导致森林景观破碎化，也会显著降低野生动植物的生境面积和质量。因此忽略了森林经营中涉及的空间邻接问题的经营方案一旦实施，势必会给森林生态效益的发挥造成显著影响。

1.3.2.4.2 空间规划模型

森林经营单位的任何经营措施都会对周围邻接林分产生显著影响，如某一森林经营单位的皆伐活动都会增加周围林分发生风倒、树皮受损以及立地质量恶化等问题(Malchow et al.，2004)。为此，很多学者采用各种模拟技术来评价森林空间经营活动在降低成过熟林的连续分布面积、减少关键栖息地周边的采伐、建立关键栖息地间的廊道、评估不同管理活动的成本以及检测森林生态系统空间分布格局和发展趋势等方面的作用(Ohman，2011)。此外，森林经营活动的空间安排也有可能影响森林资源的数量和质量。毋庸置疑，社会经济、环境以及生态目标很大程度上决定了森林经营措施在时间和空间上的分布。因此，考虑森林景观格局的收获安排问题已经成为森林经营管理的热点问题，而收获的空间安排则是森林经营规划的核心，显然森林规划模型的研究有助于理解森林经营空间问题(Borges et al.，1999)。

森林空间规划的概念最初是由一些研究者利用地理信息系统(GIS)来提出的，其思想是尝试把GIS融入森林经营规划中，把林分作为一个整体分配到经营管理的方案中(Jamnick & Walters，1993)。之后，则主要基于野生动植物生境需求考虑林分的空间邻接和绿量约束问题。此外，其他一些常见的研究领域还涉及疏开大小(Caro et al.，2003)、景观质量(Pukkala，1995)、连通性(Richards & Gunn，2003)、核心区(Ohman & Eriksson，1988)以及重要斑块分布(Liu et al.，2000)等。现阶段研究者很少关注森林空间规划模型的建立，而是把更多精力用于寻找森林规划模型求解方法(Baskent & Keles，2005)。虽然用常规数学方法求解林分级的经营规划问题较为简单，但却很难处理包含空间关系的规划问题，而这为启发式算法的应用提供了机遇。

国内外已有部分学者对森林规划问题的相关研究现状进行了系统论述，如Murray和Snyder(2000)论述了当前森林空间规划模型研究现状及其相应贡献；Kurttila(2001)论述了森林空间规划方法，其主要关注与景观级生态目标相关的系列研究，包括三个方面：野生动植物栖息地的减少、栖息地斑块面积的减小以及栖息地斑块间连通性的减弱；Bettinger和Chung(2004)则解释了森林空间规划的相关概念、评估了影响森林规划应用的相关因素，如技术因素、资金因素、人员因素以及数据因素等。本书在综合采纳这些综述的基础上详细论述森林空间规划的相关研究内容和成果。

森林空间规划可评估森林景观空间格局及其发展趋势，其本质上是一种适应森林空间信息要求并能满足相互矛盾的多目标利用的建模方法（Bettinger & Chung，2004）。这些空间信息包括经营单位的大小、形状、空间关系、分布特征、最大（或最小）采伐斑块、邻接约束、核心区保护以及斑块间的连通性等。森林空间规划经营目标则主要包括木材生产、野生动植物生境保护、水源质量、生物多样性等（Bettinger et al.，2009；Liu et al.，2005）。非空间规划模型通常以研究区域内资源的最大数量为目标，不需要空间信息，而空间规划模型则要求在实现区域内资源最大化的同时还需满足一定的生态目标，需要详细的空间信息。两者主要的差异表现在（Liu et al.，2005）：①在空间规划模型中，每一个林分必须作为一个独立的对象来处理，但在非空间规划模型中林分则因模型模拟技术的要求而被划分为更大的单元；②空间规划模型通常包含林分经营计划的空间安排信息，两者结合则可用于制定森林的空间战略规划。

(1) 森林采伐收获安排

森林经营者应正确认识林分空间关系及其约束对森林收获安排的影响，这是因为森林多目标利用需要经营者掌握特定输出产品的地理位置和产量，以及在同一规划期内相邻林分的收获安排计划（O'Hara et al.，1989）。邻接和绿量约束都不允许具有公共边界的相邻林分在特定时间内同时采取皆伐措施，而如果缺乏邻接约束、最大疏开面积约束以及平衡产量约束，则可能在短期内形成大面积的皆伐迹地，这显然会影响森林众多的经济和生态功能，如水土流失、生境破碎、水源质量恶化以及景观退化等问题（Daust & Nelson，1993）。显然，若在森林规划模型中加入邻接约束，则规划结果将禁止相邻林分在同一规划期内被采伐，从而阻止大面积采伐迹地的形成（Kurttila，2001），同时这些邻接约束也有利于形成和维护原始森林景观所具有的异质性（Borges，2000）。

为保护森林生态系统和重要物种生境，有必要在森林空间收获模型中加入相应的邻接约束，现阶段常用的方法主要有空间单元约束模型（Unit-Restriction model，URM）和面积约束模型（Area-Restriction Model，ARM）（Bettinger et al.，2009；Murray & Snyder，2000）。URM 模型禁止两个或多个相邻单位被同时采伐，同时也要求经营单位的面积必须小于森林经营者设定的最大采伐面积。对于这类模型，传统的数学规划方法可保证相邻林分不被同时采伐，即确保没有任何经营单位或经营单位的集合体超过指定的采伐面积。而 ARM 模型中任何经营单位的面积均显著小于最大采伐面积限制，即如果两个（或多个）相邻林分的总面积不超过最大采伐面积的情形也是被允许的。简单地说，URM 模型中所有潜在收获单元的边界长度是被预先设定的，即每个多边形的边界长度等于采伐斑块的边界长度，而 ARM 模型中边界长度则不需被提前设定，其采伐斑块的边界长度是所有被采伐林分聚合的结果（Murray & Snyder，2000）。URM 模型可被看做整数规划或混合整数规划问题，因此其最优解可通过精确式算法求解（Murray & Weintraub，2002）。但当 URM 模型的规模较大时，用传统精确式算法求解则较为困难，此时可采用启发算法来解决（Richards & Gunn，2003；Ohman & Eriksson，1988）。而 ARM 模型则由于约束条件的非线性特征，其是一个典型的动态规划问题。因缺少有效方法来评估所有潜在采伐林分的可能组合，ARM 的求解要比 URM 困难得多（Borges et al.，2014）。此外，ARM 模型的非线性特征也使精确式算法求解 ARM 问题的能力受限（Murray & Snyder，2000；Murray & Weintraub，2002）。由于上述原因，这类问题现阶段经常采用启发式算法来获得最优解。已有学者对 ARM 和 URM 两种规划模型在不同森林规划问题中的性能进行了研究，结果均表明：与 URM 规划相比，ARM 规划容易产生较大的模型，且一般求解时间均较长，但其能够获得较好的目标函数值（Murray & Weintraub，2002）。

国内外很多学者已经对森林采伐收获安排问题进行了研究，如 Zhu 和 Bettinger（2008）研究了皆伐面积和绿量约束对不同大小、权属和龄级分布林分采伐规划的影响，结果显示林分面积、初始龄级分布以及两者交互作用均对森林规划结果有显著影响，特别是对龄级左偏分布的小型森林影响最显著；Ohman 和 Eriksson（2002）采用 LP&SA 混合算法建立了考虑邻接关系、平衡木材产量以及相关调查数据为约束的成过熟林空间聚集规划模型。我国相关研究起步较晚，仅有陈伯望等（2006）采用林分重心间的距离和共同边界长度信息建立了森林的空间优化模型，并采用模拟退火算法研究了综合优化经济模型、均衡产出模型和空间模型的差异，结果表明加入均衡产出模型和空间模型显著改进了结果方案，而经济目标则下降不明显。可见，虽然国外森林空间规划模型研究已经取得长足发展，但这些研究模拟的采伐方式均为皆伐方式，因此国内学者应在这方面加大研究力度，以适应该地区森林经营的要求。

（2）野生动植物生境保护

生境破碎化是森林空间规划研究的主要内容之一。栖息地破碎化意味着野生动植物生境正在逐渐消失、栖息地斑块面积减小以及斑块之间连通性的减弱等，这会给当地珍贵濒危物种和生态系统的保护带来巨大挑战（Kurttila，2001）。显而易见，栖息地破碎化一方面会使野生动植物的生境面积逐渐缩小，同时也会影响它在不同生境类型间的迁徙。如果不同生境斑块间的距离大于野生动植物能够迁徙的距离,则这些生境斑块将会彼此独立存在,进而不利于物种多样性的维持。为此,通过野生动植物走廊将不同生境斑块连接为相应的自然保护区是进行珍贵濒危动植物保护的有效途径(Williams,1998)。

斑块大小、形状以及核心区等也是森林空间规划考虑的核心问题,这是因为森林景观斑块大小对物种动态、生境质量、森林产品以及森林生态系统碳、氮、水、养分循环等均有重要影响。森林景观斑块形状是森林空间结构评价的另一个重要内容,同时也是最难度量的,其对野生动植物生境以及木材生产均有重要作用,例如长窄型斑块可能会比规划斑块(如正方形、圆形等)具有更多适应于林分边缘效应的物种(Williams,1998)。林分核心区指森林内部适合野生动植物栖息的成过熟林区域,其与周围林分没有相应的边缘效应,即核心区是不同大小、形状和性质的相邻生境斑块功能区的集合,例如森林中多数鸟类的栖息地往往是多个核心区组成生境斑块(Baskent & Jordan,1995)。森林景观结构有可能直接或间接影响不同物种和同一物种不同个体之间的交互作用,如野生动物栖息地的选择可能受不同生境斑块间距离的影响(Saunders et al.,1991)。

国外在通过调整森林收获安排以提高和改善野生动物生境方面进行了大量研究,如 Bettinger 等(1997)采用禁忌搜索算法建立了满足木材平衡产量、邻接约束和野生动物生境质量的多目标规划模型;Bettinger 和 Boston(2006)采用启发式算法以猫头鹰生境保护为目标,探讨了木材收获在最大皆伐面积、最小收获年龄以及绿量约束下的规划问题,结果表明最小收获年龄的增大对猫头鹰生境质量的影响显著大于最大皆伐面积和绿量约束;Kurttila 等(2002)对芬兰东部飞鼠和驼鹿种群3种不同的空间规划目标(即最大化适生境斑块间的公共边界长度、生境斑块间较高的空间自相关性、较高的加权生境指数),模拟结果表明第1种方案能获得比期望值更大的生境面积,第2种方案获得的生境面积比期望值略有减少,第3种方案对生境格局的改进作用相对较弱。而我国对野生动植物生境保护问题的研究侧重于通过自然保护区的合理区划来实现,如汤孟平(2003)采用禁忌搜索算法建立了森林类型多样性的最大覆盖模型,模拟结果表明只需用约10%的林班数和林地面积就可以实现金沟岭林场森林类型多样性保护的目标。可见,现阶段国内外对野生动植物保护规划的研究侧重点有所不同,国外注重通过森林合理采伐来营造和改善野生动植物生境质量,实现了森林资源开发利用与保护的协调发展,而国内相关研究则关注自然保护的合理区划,显然忽略了森林的经济效益,因此这方面的研究有待于进一步开展。

(3)林分空间结构优化

林分空间结构一般被定义为林木的分布格局及其属性在空间上的排列方式(Pommerening,2002;惠刚盈等,2004),其反映了森林群落内物种的空间关系，决定了树木之间的竞争势及其空间生态位，在很大程度上决定了林分的稳定性、发展的可能性和经营空间的大小(惠刚盈和胡艳波，2001)。随着近自然森林经营的兴起，森林的结构、过程和诸多关系等详细信息越来越成为森林经营的前提，其中涉及单木之间空间关系的林分空间结构越来越受到人们的重视。因此，建立林分空间结构的优化模型是改善林分空间结构、提高林木生长量以及森林生态功能的重要途径。

在森林景观管理中，皆伐会破坏景观结构和空间异质性，进而造成森林景观破碎化和物种多样性的骤减，因此采用择伐来代替皆伐成为森林的主要采伐方式。然而，传统的林分择伐优化模型多是功能优化，如收益最多、净现值最大或木材产量最高等，很少把林分结构作为优化目标。为此，汤孟平等(2004)突破功能优化模型的建模思想，提出了林分择伐空间结构优化模型，其用 Monte Carlo 算法在吉林汪清林业局金沟岭林场的模拟实例表明，该方法能够得到具有空间位置信息的最优采伐方案；曹旭鹏等(2013)采用遗传算法建立了适应洞庭湖森林生态系统经营的空间优化模型，模拟实例表明多数林分空间结构指标均实现优化。此外，胡艳波和惠刚盈(2006)、董灵波和刘兆刚(2012)则从理论分析上研究了不同林型的空间结构优化技术。综上所述，林分空间结构优化是林分尺度上森林经营的必然选择，但正如汤孟平等(2004)、董灵波和刘兆刚(2012)指出的一次优化不能解决所有的问题，必须循序渐进。在未来研究中，可探索从高空间分辨率的卫星图像或航空影响上提取林木的空间坐标和树种等信息，再与林分空间结构分析理论相结合，为大区域森林的低成本、高效率可持续经营提供重要途径。

1.3.3　森林多目标规划模型求解算法

森林规划问题具有多目标、多层次、长期性、动态性和空间相关性等特点，因此这类问题很难通过穷举法或专业人员的经验来获得模型的最优解，必须使用特殊的求解算法。现阶段，森林规划模型求解方法主要有精确式算法和启发式算法两大类。本书在此将详细分析相关算法的利弊及其在林业研究中的应用现状，为后续研究提供基础。

1.3.3.1　精确式算法

传统森林规划模型主要关注特定制度管理下连续变量的取值与优化问题，其可通过简单的数学优化技术来求解，如线性规划、整数规划、目标规划等。近些年来，空间约束也逐渐被加入线性规划模型中(Bettinger et al., 2009)。虽然线性规划模型可以处理大规模的森林规划问题，且可定位非空间变量的最优解，但其存在以下缺点（Baskent & Keles，2005）：①线性规划要求规划模型中的决策变量必须线性相关，而现实中众多生态目标的关系却是非线性的；②线性规划不能很好地处理空间约束和空间目标；③在加入空间约束后，森林经营单位可能会被分割为多个不同的子区域，即其规划方案很难被具体实施；④线性规划模型对决策变量个数、空间约束关系极为敏感；对于特定规划模型，一旦决策变量和约束条件数量确定以后，很难再加入其他选项以调整相应的规划解。但毋庸置疑，这种事先安排必定会影响规划模型获得最优解的能力，同时即使模型获得了最优解也不一定是满意解。

虽然线性规划存在上述缺点，但其也可用于森林空间规划模型中，如可对重要的野生动植物生境地区加入特殊的约束限制或将河流附近的林分作为野生动物迁徙廊道以增强不同区域生境的空间连接性（Kurttila，2001）。如邵卫才等（2013）采用混合整数规划模型将空间约束纳入到村级的森林采伐作业中，在实现有效组织采伐相邻林班的同时保证利用成过熟林而避免采伐未成熟林；Crowe 和 Nelson（2003）采用分支定界法解决了两类 ARM 规划问题，他们的研究涉及 30 多个战术规划目标、346~6093 个多边形、3 个规划期的不同规模规划问题，发现该方法可解决不同的合理规划期内中小规模的收获安排问题，但获得规划解的质量和时间则严重依赖林分初始龄级分布和斑块面积的大小。目前，被广泛使用的商业规划软件并不多见，仅有 Spectrum、Magis、Woodstock 等（Bettinger et al.，2009）。在这些软件中空间目标均是通过约束条件的方式来体现的，同非空间规划问题一样，当规划模型的规模较大时，线性规划模型同样无法获得模型的最优解。

森林空间规划在本质上是确定各种要素的最优组合过程。整数规划或混合整数规划可用于获得森林的空间规划过程，这些技术可用于获得森林空间规划问题的最优解。但随着林分数量、规划周期数以及约束条件等均需描述为确定的数学公式，其数量可能呈指数增长趋势（Lockwood & Moore，1993）。当随着林分规划模型规模的增大，模型求解时间会迅速增加。此外，整数规划和混合整数规划也很难实现相邻林分聚集收获的要求（Mullen & Butler，1997）。由于整数规划和混合整数规划模型的复杂性，因此必须采用有效技术解决收获模型中空间约束公式过多的情形。为此，可采用启发式算法来解决此类问题。

1.3.3.2 启发式算法

启发式算法通常借鉴自然界中相关物理或生物学过程，基于一定的逻辑准则和规则来获得复杂规划问题的可行解或有效解。与常规精确式算法相比，启发式算法具有如下优点：①启发式算法可在合理时间范围内同时提供多个最优解；②启发式算法可解决大规模、多目标、多规划周期的复杂规划问题；③启发式算法的形式较为简单，同时模型的灵活性较高。但同时，启发式算法也存在一些不足：①启发式算法不能够保证规划结果为最优解，因此对于启发式算法目标解质量的评价则必须借助于常规精确式算法；②启发式算法一般需要较长的求解时间；③启发式算法的求解效果高度依赖于算法的参数设置，即规划解的质量和求解速度取决于算法的参数和移动速率。本书重点介绍以下6种求解算法。

1.3.3.2.1　蒙特卡洛整数规划算法（Monte Carlo Integer Programming，MCIP）

MCIP算法是根据随机抽样原理，首先利用计算机高级语言所提供的随机函数对组合优化问题的可行解进行随机抽样，然后经过对大量抽样点的目标函数值进行比较筛选，找出全体样本点中目标函数值最优解，将其视作原规划问题最优解的一个近似解或次优解（汤孟平等，2004）。MCIP算法的关键参数有初始解的产生次数和最大迭代次数等，但关于该算法参数敏感性的分析较少，Pukkala和Heinonen（2005）和Heinonen和Pukkala（2004）给出了该算法两个参数的取值范围分别为：$0.03 \times N$和$20 \times N$，其中N为规划问题的规模，即林分数量。同时，由于MCIP为随机搜索过程，规划求解结果具有一定随机性，为保障规划结果的可行性必须进行一定数量的重复实验，Pukkla和Heinonen（2005）建议最少应为5次。

MCIP方法已经在森林空间规划中进行了大量应用，如Daust和Nelson（1993）采用此算法评价了森林斑块大小对木材收获的影响；Haight和Travis（1997）采用MCIP方法研究了野生动物的问题；Barrett等（1998）采用MCIP研究了不同皆伐面积对森林生态目标和野生动物生境的影响。我国在此方面的应用并不多见，仅汤孟平等（2004）采用该方法研究了东北地区天然云冷杉林的空间结构采伐优化问题。虽然该算法在林业规划中应用最早、最广泛，但该算法最主要的缺点就是不能避免模型的局部最优解，同时也不适用于较长周期的森林规划问题。

1.3.3.2.2　模拟退火算法（Simulated Annealing，SA）

SA算法原理来源于固体降温过程，其基本思想是从一个给定的初始解开始，从邻域中随机产生另一个新解，根据目标函数值有选择的接受优化解或拒绝恶化解。通常接受目标函数值改进的解，而根据Metripolis准则有选择的接受恶化解（Boston & Bettinger，1999）。在森林经营规划中，SA算法可解释为：首先对每个林分随机安排某种经营措施产生规划问题的初始解，然后在初始解中随机选择林分并随机改变经营措施选项产生新解，之后根据目标函数值评估2

个新解的质量。通常接受目标函数值改善的解,而根据 Metripolis 准则选择性的接受恶化解。Metripolis 准则可表示为(Metropolis et al.,1953):

$$P = \mathrm{Exp}[\,(U_{new} - U_{old})/T_i\,] \tag{1-34}$$

式中:P 为接受劣解的概率;T_i 相当于物理退火过程的温度 T;U_{old} 相当于固体此时的温度,即现在的目标函数值;U_{new} 相当于新产生的固体温度,即新解的目标函数值,此处要求 $U_{new} < U_{old}$;显然,当 T 值较大时接受劣解的概率较大,但随着 T 值的减小接受劣解的概率也减小,当 T 完全趋于 0 时不再接受任何恶化解。通过这样的设置,SA 算法允许接受一定的恶化解,从而避免算法陷入局部最优解。

SA 算法是森林空间规划研究中应用最广泛的启发式算法之一。Lockwood 和 Moore(1993)最早应用 SA 算法研究森林采伐空间规划问题,在他们研究中的约束条件包括采伐斑块大小、邻接约束和满足收获目标的最小面积等;Ohman 和 Eriksson(1988)采用该方法研究了 200 个林分的森林核心区规划问题,其目标为 100 年内在确保森林核心区约束下的净现值最大化问题;Baskent 和 Jordan(2002)建立了森林景观经营管理的空间规划模型,他们在 987 个林分的林地上测试了 4 种不同的龄级分布结构,结果表明加入空间约束后目标函数下降了约 27%;Heinonen 等(2009)采用 SA 算法评估了风灾对森林规划的影响,结果表明若能够减小森林遭受风灾的损失,则会显著改善森林的景观结构,同时若在规划模型中加入木材均衡产量约束,会增加森林遭受风灾的概率;Martin-Fernandez 和 Garcia-Abril(2005)研究了林分尺度上森林近自然经营的优化采伐问题,研究中的约束条件等包括森林覆盖率、生物多样性和更新能力,规划结果表明林分的经济价值增长到 321.32 美元·hm^{-2},同时实现了合理的径阶分布。

我国学者也应用 SA 算法进行了相关研究,如张坤等(2010)采用 SA 算法研究了澳大利亚蓝山自然保护空间选址问题,结果显示最优解对应的保护区方案需要较大的面积,但其边界长度较短,有利于维护和管理;吴承帧和洪伟(2000)采用该算法研究了资金约束、资源约束和蓄积约束下的造林优化问题;陈伯望和 Gadow(2008)用该算法研究了德国北部挪威云杉林可持续经营计划,其经营目标包括经济效益最大化、木材均衡产出和经营措施空间聚集 3 个方面,结果显示加入空间目标后规划结果得到显著改善,而经济目标只有中等程度的下降。综上分析可以看出,SA 算法在不同的森林空间规划模型中均能获得较好的满意解,显示了其优越的性能。

1.3.3.2.3 门槛接受法(Threshold Accepted,TA)

TA 算法是与 SA 算法相类似的启发式算法。该算法的基本思想可概括为(赵秋红等,2013):首先随机产生一个初始解,然后通过随机改变某个林分的经营措施选项产生新解,之后根据新解对目标函数值的改进情况确定是否接受新解,若新解优于当前解,则始终接受新解;当新解劣于当前解时,若其差距小于事先给定的门槛 Q 则接受新解,否则拒绝新解。显然,TA 算法与 SA 算法在接受恶化解的准则上发生了变化。这种接受准则可表述为(Bettinger et al.,2009):

$$P_i \Delta(S, S') = \begin{cases} 1, & Q_i \geq \Delta(S, S') \\ 0, & 其他 \end{cases} \quad (1\text{-}35)$$

式中:Q_i 为第 i 步迭代下的门槛值;$\Delta(S, S') = f(S') - f(S)$ 为新解 S' 与当前解 S 间目标函数值的差距;Q_i 类似于 SA 算法中的当前温度 T,而 Q_i 的改进速率则类似于 SA 算法中的冷却速率。TA 算法与 SA 算法类似,但因 TA 算法中省略了随机数产生和指数函数的计算,因此省略了更多的求解时间。

　　TA 算法的搜索过程比 SA 算法更为直观,且对复杂的森林规划模型,两者也往往能够获得相同质量的目标函数值,因此该算法在森林空间规划模型中也取得了一些应用。如 Bettinger 和 Boston(2006)采用 TA 算法建立了野生动物生境和木材生产的综合规划模型,约束条件包括最大皆伐面积约束、绿量约束、最小采伐面积约束以及木材产量均衡约束等;Bettinger 等(2002)在比较不同启发式算法性能时研究了 TA 算法在 3 种不同复杂程度的野生动物生境保护规划中的性能,结果显示该算法能够获得各复杂规划问题的满意解。综上所述,因 TA 算法和 SA 算法的高度相似性,两者在不同森林规划问题中均有较好的性能,在一些简单的规划问题中 TA 算法甚至要优于 SA 算法,但在复杂的森林规划问题中两者则基本上具有相似的结果(Bettinger et al.,2009)。同时由于 TA 算法的逻辑简单、参数少、执行容易、速度快以及参数敏感性低特点,因此该算法可能在今后森林的空间规划中被广泛使用。

1.3.3.2.4　禁忌搜索算法(Tabu Search,TS)

　　与前述几种启发式算法不同,TS 算法中不包含随机过程,因此其是一种确定式启发算法。TS 算法的特点是通过一个灵活的存储结构和相应的禁忌准则来避免迂回搜索,并通过藐视准则来赦免一些被禁忌的优良状态,进而保证算法获得全局最优解(赵秋红等,2013)。TS 算法在森林规划中的应用可解释为:首先通过随机过程产生规划问题的初始经营方案,然后 TS 算法评估该初始方案的所有可能变化,最后 TS 算法只选择其中的最好的作为原始规划问题的最优经营方案。显然,其他启发式算法只评估初始解中的 1 个潜在邻域解,而 TS 算法是评估所有解并选择最优解。TS 算法可通过禁忌表来避免相同解的重复搜索,在搜索过程开始之前,用户必须通过一定数量的试验来指定禁忌表的长度。较短的禁忌表长度可能会引起算法对某些解的循环往复,而较长的禁忌表长度则会强制算法尝试求解空间中更多的潜在优良状态,增大算法获得全局最优解的概率。

与 SA 算法类似,TS 算法也在森林规划中得到了广泛应用,如 Bettinger 等(1998)采用 TS 算法建立满足木材产量均衡和水生生境质量的森林采伐和道路管理系统,其中水生生境质量采用河流水质和温度指数来评价;Richards 和 Gunn(2003)建立了集林分满足皆伐面积约束的收获安排和道路建设为一体的规划模型,该模型能够有效分析森林采伐时间和道路建设成本对森林生产力的影响;Caro 等(2003)采用 TS & 2-opt 方法建立了多规划分期的 ARM 森林规划模型,其约束条件包括采伐措施的空间分布、成过熟林斑块及总面积大小等,结果表明对于小规模的规划问题,该算法比 1-opt 可提高 8% 的解质量;Bettinger 等(1999)基于猫头鹰生境指数模型建立了森林采伐收获和野生动物保护的规划模型,该模型能够分析动物生境与木材生产之间的动态平衡关系。我国学者在森林规划方面的相关研究还较少,但在物流运输、区位选址及航线优化等方面进行了大量研究,如区援和王雪莲(2007)研究了多约束集装箱装载问题、孙静(2010)研究了基于 GIS 的大规模设施选址和路径优化问题,这些报道为我国森林规划模型的研究奠定了基础。在林业中的应用,仅陈伯望等(2003)采用 TS 算法建立了森林采伐量的优化模型,并与 SA、GA 和 LP 规划结果进行比较,结果表明该算法较 SA 和 GA 具有明显优势。

1.3.3.2.5 遗传算法(Genetic Algorthms,GA)

GA 算法是一种模拟生物进化机制的随机搜索与优化算法。GA 算法的基本思想是(Bettinger et al.,2009):首先采用随机过程生成一组森林经营方案,这些初始解集合称为初始种群,其中的每一个经营方案称为染色体;然后根据目标函数值选择最好的两个经营方案或者一个采用随机选取方式而另一个选择初始种群中适应度值最大的方案作为"父染色体";一旦"父染色体"确定以后,通过染色体的交叉、变异、选择和逆转等不断进化,生成新的染色体;在"子染色体"生成以后,分以下 3 种情况:①若 2 个子染色体均为可能性解且目标函数值大于父本染色体,则用子染色体替代原始种群中的 2 个父染色体,②若 2 个子染色体中只有 1 个子染色体为可行解且目标函数值大于父本染色体,则用子染色体替代原始种群中 2 个父染色体中较差的一个,③若 2 个均为非可行解,则重新选取父染色体重复上述过程;如此循环,不断优化初始种群中染色体的质量,这样经过若干代迭代后就能获得原始问题的最优解或满意解。GA 算法的主要参数包括:初始种群大小、编码方式、选择机制、交叉、变异和终止条件等。

GA 算法同样在森林规划研究中有丰富的应用,如 Mullen 和 Butler(1997)采用 GA 算法建立了具有空间约束的收获采伐模型,运行结果表明其最优解质量比 MCIP 算法提高约 3.5%；Moore 等（2000）建立了具有鸟类生境保护的森林采伐和造林空间规划问题，在他们的研究中将鸟类初始生境分布和种群数量作为约束条件；Bettinger 等（2002）采用该方法研究了不同复杂程度的森林规划问题，结果表明 GA 算法对森林空间和非空间规划问题均能够获得较好的目标解；Li 等（2010）建立具有最小收获年龄、邻接和木材产量均衡约束的采伐收获模型；Pukkala 和 Kurttila（2005）建立了兼具木材收获和野生动物生境保护的规划模型。

我国学者对 CA 算法在林业中的应用也进行了积极探索，如曹旭鹏等（2013）采用该算法建立了林分层次的空间结构优化模型；林晗等（2010）、吴承祯和洪伟（1997）采用 GA 算法对工业原料林多数中造林的规划设计问题进行了研究，其约束条件包括资金约束、苗木数量约束和蓄积量约束；许世夫等（2013）采用 GA 算法拟合了 5 种常用的林分生长模型，结果表明 GA 算法的拟合精度明显优于传统的非线性最小二乘法。虽然 GA 算法在我国林业中取得了一些应用，但这些研究很少涉及复杂的森林空间采伐规划和生态目标保护问题，因此这方面还有待于进一步研究。

1.3.3.2.6 混合算法

启发式算法在具有非线性的复杂森林空间管理规划问题中是非常有效地。前文已经详细介绍了几种常用启发式算法的原理和应用情况。但森林规划问题具有多目标、多层次、长期性、动态性和空间相关性等特点，使得该类问题的求解仍然相对较为困难，为此依据不同算法的特性将其进行有效组合不失为一种有效的途径。

现阶段，国内外许多相关的经典案例研究也很好地证实了该方法的可行性。Nelson 等（1991）建立了森林的短期、中期和长期的综合规划模型，他们的研究中长期规划采用 LP 算法，而中期规划使用了启发式算法，然后通过一定的规则将两种方法连接起来，实现了具有空间约束的森林规划模型；Boston 和 Bettinger（2001）采用 MCIP&TS 算法评价了不同经营约束对森林经营经济效益的影响，在其研究中采用 MCIP 算法产生规划问题的初始解，然后基于 TS 算法灵活采用 1-opt 和 2-opt 技术求解最终的森林经营方案，其结果表明对 60 hm^2 疏开面积的约束，如果将森林采伐绿量约束从 3 年降为 2 年，则在 10 年规划期内可增加 66600 美元收入；但当疏开面积约束为 90 hm^2 时，增加的收入量则仅为 45600 美元；Ohman 和 Eriksson（2002）采用 SA 算法解决森林的空间规划问题，而使用 LP 解决非空间规划问题，然后将其组合实现了森林空间采伐优化，模拟结果显示组合优化法（LP&SA）显著优于单纯 SA 算法；Boston 和 Bettinger（2002）采用组合算法展示了能够实现森林采伐蓄积收获和野生动物生境保护目标的规划问题，他们的研究中分两个阶段实现，首先采用 LP 算法分配每规划分期内森林蓄积采伐目标，然后采用 TS&GA 算法在实现木材产量均衡的同时满足生境保护和绿量约束的要求；Boston 和 Bettinger(2001)继续研究了 2 种启发式算法(TS&GA)组合的森林空间采伐规划模型，他们共测试了 3 个不同的具有 URM 约束的规则格网林分和 1 个具有疏开面积约束的真实林分；Crowe 和 Nelson(2003)建立了具有邻接约束的森林采伐规划模型，他们使用了一种直接型元启发式算法与贪婪算法(Greedy algorithm)的组合优化技术。

1.3.3.3 算法性能比较

由于启发式算法对不同森林规划问题以及用户设定的参数具有高度的敏感性，因此有必要详细评价不同复杂程度的森林规划模型以及参数设置对启发式算法性能和求解效率的影响。现阶段已有部分学者开展了这方面的研究，提出了相应参数设置的基本规律和各启发式算法适用的森林规划问题和规模，为后续研究奠定了很好地基础。本书在此对相关经典研究进行系统分析和总结，以期进一步发现相关算法的特征、适用性及参数敏感性规律。

Bettinger 等(2002)采用 3 种不同复杂程度的野生动物生境保护规划模型评价了 8 种(RS、SA、GD、TA、TS & 1-opt、TS & 2-opt、GA、TS & GA)启发式算法的适用性和求解效率，他们根据各算法的求解时间和目标函数值将其分为 3 类分别为：非常好，包括 SA、TA、GD、TS & 1-opt 和 TS & GA；可接受，包括 TS & 1-opt 和 GA 算法；不可接受，则仅有 RS 算法。Pukkala 和 Kurttila(2005)比较了 6 种启发式算法(RA、Hero、SA、SA & Hero、TS 和 GA)在 5 个不同复杂程度的森林规划问题中的特性，结果显示各算法获得目标函数值均较为相近，但各算法获得最优解所需的时间则显著不同，具体表现为较慢的搜索算法(SA 和 GA)所需时间是最快搜索算法的 200 倍左右，SA & Hero 和 SA 算法能够获得非空间规划问题的最优解，而 GA 算法则更适合于复杂的非空间规划问题。Liu 等(2005)采用森林空间规划模型比较了 GA、SA 和 HC(爬山算法)，结果表明 SA 算法要明显优于其他两种算法，且 SA 和 HC 较 GA 算法求解速度快了约 10 倍，HC 算法具有对初始解的严重依赖性，而 GA 算法则因求解时间过长而不适合于空间规划问题。Pukkala 和 Heinonen(2004)比较了 RA、Hero、TS 和 SA 4 种启发式算法 1-opt 和 2-opt 在森林空间采伐规划中的应用，结果显示各算法的 2-opt 均显著优于 1-opt 规划结果，且简单算法的促进作用更为明显，在 4 种算法中 TS 和 SA 算法的性能最好，但两者新解的产生方式对规划结果影响不显著。我国学者吴承祯和洪伟(1997)，以及胡欣欣和王李进(2011)分别采用不同方法研究了相同数据的造林规划问题，他们的研究结果表明 ACO、SA、GA、PSO 在基准年下获得的经济效益分别为 3427.7 万元、3409.2 万元、

3428.4万元、3425.8万元,可见各算法获得非空间规划问题的目标解差异不大。陈伯望等(2004)采用求解效率($E=V_x/V_{LP}*100\%$,式中E指相对求解效率,V_x指线性规划目标方程值,V_{LP}指启发式算法目标方程值)比较了IP、TS、GA和SA算法在森林采伐优化问题中差异,结果显示TS算法的求解时间约为0.5h,求解效率为线性规划的99.4%,均优于GA(0.5h和99.3%)和SA(2h和99.2%)算法。综上分析可看出,各启发式算法对不同规划问题的响应不完全相同,这与各算法的内在原理密切相关,同时也与研究者的程序编制、参数设置、评价标准等相关。

算法原理从本质上决定了各算法的性能,算法参数则在很大程度上影响着算法的搜索过程。由于各算法均具有极大的解空间,因此未经试验则很难掌握规划问题的参数设置,而在林业实践中这种测试又需要花费很多的时间和精力。现阶段,虽然关于各启发式算法参数设置的基本规律已经被很好地掌握,但其在森林空间规划问题中参数敏感性研究则很少见,仅Pukkala和Heinonen(2005)根据森林采伐规划和生境保护模型采用Hooke和Jeeves等提供的直接搜索技术研究了SA、TA、TS算法的参数敏感性,模拟结果表明各算法的参数与规划模型类型密切相关,各参数的微调对启发式算法的规划结果影响不显著,但若对算法的求解性能和效率均有明确要求,则可选的参数空间将极为有限。显然,参数敏感性分析对森林规划结果会有显著影响,但现阶段相关研究还极为不足,亟需开展深入研究。

1.3.4 森林碳目标的规划研究现状

森林经营和木材生产会严重影响森林生态系统的碳平衡过程。众所周知,除了木材生产外,在全球气候变化的背景下,增加森林碳汇已经成为森林经营的一个重要目标,但这两个目标是明显相互冲突的。森林经营对碳汇的影响具有长期性和不确定性,因此任何错误的决策都会导致巨大的经济和生态灾难。通过上述分析可知,合理的经营规划能够实现森林多种经营目标的共赢,但现阶段国内外在这方面的研究还相对较少。

国外学者较早的在这方面进行了探索,如Backeus等(2005)采用线性规划(Linear Programming,LP)方法建立了区域森林兼顾碳储量与木材生产的规划模型,结果表明碳储量与木材生产净现值呈显著的负相关趋势;Hennigar等(2008)采用LP方法建立了加拿大New Brunswick地区30000 hm^2林分木材生产与碳储量的长期规划模型;Meng等(2003)、Bourque等(2007)采用LP规划软件CWIZ™和木材供应软件Woodstock™研究了加拿大New Brunswick北部地区105000 hm^2林地80年内的木材生产、生境保护以及碳储量的多目标经营规划问题。

我国学者在这方面也有一些有益的研究，如戎建涛等(2012)建立了兼顾碳储量和木材生产的森林经营规划模型，在其研究中以木材生产和碳增量净现值为规划目标，考虑林分生长、木材产量均衡和生长模型等约束，对研究区域进行了50年规划期的经营模拟，结果表明：区域内各林型各分期间伐强度在1%~15%之间，择伐强度在1%~35%；与木材生产经营相比，多目标经营和碳储量经营方案规划期内木材产量净现值减少2.67%和45.43%，但碳储量的净现值增加约29.88%和50.42%；同时，碳价格对规划结果也有显著影响，规划期内采伐量随碳价格的增加而减少，但碳储量则呈增加趋势。综上分析，目前国内外研究主要集中在木材生产对森林碳储量影响的长期规划方面，但这些研究多是采用传统的精确式算法，且很少涉及复杂的空间收获安排问题。

第 2 章
研究区概况与数据收集

2.1 研究区概况

研究区域位于黑龙江省大兴安岭地区塔河林业局盘古林场，其地理坐标为 123°51′56.5″E，52°41′57.1″N。境内有嫩林线铁路、盘沿公路、加漠公路等穿越林区，此外施业区内还有支岔线 31 条，交通较为便利。该林场始建于 1969 年，是以经营兴安落叶松天然林为主的木材生产基地。

2.1.1 自然条件

盘古林场大多地区属于低山丘陵地貌，全区地形总体成东北—西南走向，北部、西部和中部较高，海拔高度 230~1397 m(图 2-1)。气候属于寒温带大陆性季风气候，其特点是冬季寒冷干燥，夏季温暖多雨，气温低，温差大，生长期短。年平均气温-3 ℃，最高气温 36 ℃，最低气温-53 ℃，年日照时数 2560 h，年积温 1500~1700 ℃(≥10℃)，年平均降雨量 428 mm，多集中于 6—8 月，无霜期不足 100 d。积雪期长达 5 个月，林内雪深 30~50 cm。盘古河为辖区第一大河，主河道长 127 km，流域面积 3875 hm^2，呈西南—东北流向，注入黑龙江。研究区内的地带性土壤主要为棕色针叶林土，此外还有少量的河滩森林土、草甸土、暗棕土和沼泽土等。区域内矿产资源分布集中，蕴藏量极大，主要有岩金、黄铜、磁铁、膨润土等 20 余种。

2.1.2 森林资源概况

大兴安岭地区是我国重要的木材生产基地，也是东北地区农牧业高产、稳产的天然生态屏障。盘古林场总面积 1.52×10^5 hm^2，林业用地面积 1.23×10^5 hm^2，总蓄积 8.44×10^6 m^3，森林覆盖率 88.86%，其中天然林面积 1.19×10^5 hm^2，蓄积 8.39×10^6 m^3，主要以兴安落叶松(*Larix gmelini*)、白桦(*Betula platyphylla*)、

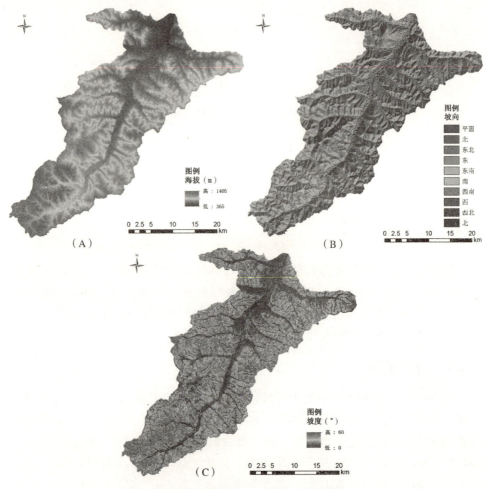

图 2-1 研究区域海拔(A)、坡向(B)和坡度(C)

樟子松(*Pinus sylvestris*)等为主,还有少量的云杉(*Picea koraiensis*)、蒙古栎(*Quercus mongolica*)、山杨(*Populus davidiana*)等;人工林面积 $1.81×10^3$ hm^2,蓄积量 $5.48×10^4$ m^3,主要以兴安落叶松为主,还有少量樟子松。此外,研究区域还有丰富的灌草植被,结合 2009 年森林资源二类调查数据和典型样地调查数据,共发现灌木约 20 种,草本约 16 种。

2.1.3 森林经营历史

大兴安岭是我国东北地区重要的天然生态屏障,在国家生态战略布局中具有重要地位。但该地区森林资源的开发利用较早,经历了日伪时期和新中国成立后长达 100 年的过量采伐,森林质量严重下降、可采资源枯竭,林分幼龄化、结构简单化、森林岛状斑块化趋势加剧，整个森林生态系统呈现出"林分稀疏、林龄较小、有效生长量低、材质劣、生态功能差"的特点。具体表现为：①单位面积蓄积量低，有林地单位面积蓄积仅为 78.62 $m^3 \cdot hm^{-2}$，低于全国平均水平（85.88 $m^3 \cdot hm^{-2}$）；②林龄结构不合理，全区中幼龄林面积占总面积的 81.1%，蓄积占总蓄积的 78.4%，急需进行抚育改造的中幼龄林面积达 $1.0 \times 10^5 hm^2$；③缺乏优势树种，研究区域的顶级群落天然落叶松林已遭到多次严重破坏，现存天然落叶松过伐林面积仅占 26.79%，多数已严重退化为天然白桦次生林（17.97%）、阔叶混交林（2.37%）和针阔混交林（29.62%）；④林种结构不合理，由于严重的人为干扰和自然干扰，全区典型的原始落叶松林已逐渐退化为大面积的白桦次生林、针阔混交林和阔叶混交林，目的树种的优势地位和生态功能逐渐降低。

2.2 数据收集

研究采用盘古林场 2008 年森林资源二类调查数据，包括数字林相图（shp格式）和所有属性数据，其共包括 325 个林班、6421 个小班。区域内所有小班面积均介于 0.67~50 hm^2，其平均值为 19.21 hm^2，标准差为 11.51 hm^2。根据各小班的树种组成及其生态学特性，将区域内小班划分为：天然落叶松林、天然白桦林、针叶混交林、阔叶混交林和针阔混交林共 5 种林型。其中，天然落叶松林占 1969 个林分（33071 hm^2），天然白桦林占 924 个林分（22176 hm^2），针叶混交林占 1795 个林分（36567 hm^2），阔叶混交林占 1278 个林分（23962 hm^2），针阔混交林占 175 个林分（1614 hm^2），此外还有 280 个林分可归为非林地（4055 hm^2）。这些林分类型分别占总小班数的 30.67%、14.39%、27.96%、19.90%、2.73% 和 4.63%。盘古林场森林年龄分布特征如表 2-1 所示，区域内小班年龄多集中在 41~80 年之间，约占林场总面积的 70%。

表 2-1 盘古林场不同林分年龄的面积分布特征（hm^2）

林龄（年）	天然落叶松林	天然白桦林	针叶混交林	阔叶混交林	针阔混交林	总计
1~20	433	3317	469	1625	1342	7186
21~40	382	5637	4506	537	1055	12117
41~60	4713	12791	18686	4762	1073	42025
6~80	17553	431	11371	12002	133	41490
8~100	7168		1403	4366		12937
101~120	2822		132	670		3624
总计	33071	22176	36567	23962	3603	119379

第二篇

优化算法性能提升

第3章
森林空间经营理论基础

森林空间经营是指通过创建和维护合理的林分空间结构从而使林分功能保持最优状态的经营理念和技术。现阶段,林分尺度的空间结构经营已经在我国得到广泛应用,如惠刚盈等(2004)提出的林分空间结构参数,惠刚盈和胡艳波(2001)、汤孟平等(2004)、董灵波和刘兆刚(2012)提出的林分空间结构优化方法,但在区域尺度上关于森林空间经营的研究则鲜有报道。为此,本文在综合调研国外相关研究的基础上,从林分空间关系定义、规划模型分类以及空间规划模型形式等方面进行系统梳理。

3.1 森林规划问题中相关名词定义

在森林经营规划中,每个森林经营方案对应数学模型中的一个解。因此,所有可能森林经营方案的集合构成了该规划问题的解空间U,但只有在现实中具有可操作性的解(即不违背任何约束条件)才能称为可行解(R),除此之外因资源约束、政策约束等条件的限制而自动被排除在外的其他解称为非可行解($C \cup R$)。如图3-1所示,图中点(即元素)a、d均属于非可行解($a \in C \cup R$, $d \in C \cup R$),而点b、c和o则均属于可行解(即$b \in R$, $c \in R$, $o \in R$)。图中点b处于可行解的边界区域,如果将点b做微小的移动Δ,则点c和d为其邻域,显然点c属于可行解,而点d属于非可行解。对应森林经营规划中的情景为:如果某个林分的经营选项被改变,则其产生的候选森林经营方案若满足所有约束条件即为可行方案,处于可行解空间R内;若违背任一约束则为非可行方案,处于非可行解空间$C \cup R$内。如果进一步将表示可行解R的圆的中心点o看做该规划模型的最优解(即最优森林经营方案),则可将o点附近某个区间定义为该规划问题的满意解r。显然,在解空间R中离o点越近,该解对应的目标函数值越能满足森林经营决策者的最终要求。

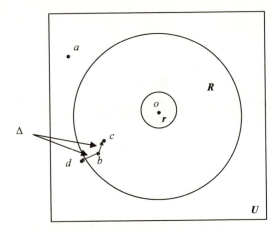

图 3-1 森林规划问题中相关名词定义

3.2 空间邻接关系

　　森林经营实践表明某个林分的经营活动势必会对其周围林分产生不可避免的影响，如景观斑块连接处物种多样较高等现象（赵春燕，2012），因此在制定区域尺度上森林经营方案时需要考虑营林措施的时空分布。在 GIS 中，不同对象空间关系可分为邻接、相交、相离、包含和重合，而在林分经营规划中，空间邻接关系主要是指面与面之间的关系。根据 2 个林分的空间相对位置可将其划分为 4 种不同的类型，即强邻接关系、中等邻接关系、弱邻接关系和不邻接关系。强邻接林关系指两个相邻林分具有一定长度的公共边界，而中等邻接关系则指两个林分仅在点尺度上邻接，弱邻接关系则指两个林分虽然在空间上彼此分离，但其质心距离处于一定范围内。如图 3-2 森林空间规划中林分的空间关系所示，林分 A 与林分 B、D 和 G 均属于强邻接关系，同时因 A 与 B 的公共边界长度显著大于 A 与 D 和 G，因此其空间邻接关系也更强。林分 E 与 F、林分 E 与 H 虽然也在空间上相邻，但其公共边界仅限于点尺度，因此其空间关系要明显弱于其他林分（如 A 与 B），呈典型的中等邻接关系。而弱邻接关系，则如图中的林分 E 与 J 所示，两者虽然空间上不相邻，但其仍处于以林分 E 的质心为原点、r 为半径的区域范围内，即表明两个林分的空间距离较为接近，而林分 E 与 A、G、K 因空间距离较远则可认为其完全不邻接。

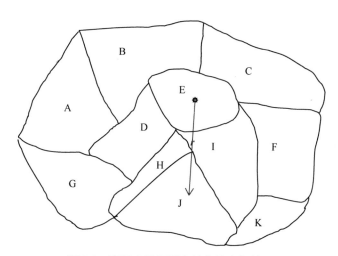

图 3-2　森林空间规划中林分的空间关系

3.3 规划模型分类

根据决策变量定义方式的不同,森林规划模型可分为 3 类,即模型 Ⅰ、模型 Ⅱ 和模型 Ⅲ,各模型的特征、定义及其数学表达详述如下(Bettinger et al.,2009)。

3.3.1 模型 Ⅰ

在模型 Ⅰ 中,决策变量通常与规划周期内某个具体林分的发展状态有关。由于异龄林的经营活动主要以择伐为主,因此决策变量主要表征林分相关结构特征随时间的变化;而同龄林往往以皆伐为主,因此决策变量则表征林分被皆伐时的经济收益,而不关注林分生长过程中的变化情况。但无论哪种林型,用户均需定义一系列的决策变量用于表征不同经营措施所获得的经济收益或其他变量。模型 Ⅰ 的通用形式可表述为(Johnson & Scheurman, 1997):

$$\text{Max} \sum_{i=1}^{M} \sum_{j=1}^{N_i} D_{ij} x_{ij} \tag{3-1}$$

满足

$$\sum_{j=1}^{N_i} x_{ij} = A_i \quad i = 1, \cdots, M \tag{3-2}$$

式中:x_{ij} 为林分 i 在第 j 分期的收获面积;A_i 为林分 i 的面积;M 为林分数量;N_i 为林分 i 的潜在收获分期集合,即其允许该林分在多个分期内被收获;D_{ij} 为

林分 i 在第 j 分期收获 x_{ij} 面积时所获得经济效益或者其他效益；式(3-1)为目标函数值；式(3-2)为面积约束函数，即要求林分 i 在整个规划期内被全部收获；此外，不同森林经营决策者可根据实际要求加入其他约束条件，如收获均衡约束、空间约束等。

3.3.2 模型Ⅱ

Model Ⅱ中的决策变量则始终跟踪林分的发展状态直至林分被全部收获为止，同时在该林分被收获后将以相同的树种造林且继续生长，直至规划期截止。也就是说，所有初始林分的状态在其被皆伐后都会停止，而重新更新的林分会产生新的决策变量。因此，理论上来说 Model Ⅱ 更适用于人工林的经营。与 Model Ⅰ 相比，Model Ⅱ 所需求的决策变量相对较少，但这些决策变量必须反映：①森林从造林到收获整个阶段，但不考虑林分的中间生长过程；②如果林分被造林更新，则还需研究其第二阶段收获问题；③决策变量必须贯穿整个规划周期。概括地说，Model Ⅰ 的决策变量具体跟踪某林分的状态直至规划期末，在整个规划期内林分数量不会发生变化；而 Model Ⅱ 决策变量所代表的林地则可能是多个林分皆伐后的组合，即林分数量有可能减少。在具体地规划实践中，两类模型均需确保满足面积约束，但前者所需资源约束的数量等于林分数量，而后者则与林分龄级数量有关。Model Ⅱ 的通用形式可表述为（Johnson & Scheurman，1997）：

$$\text{Max} \sum_{j=1}^{N} \sum_{i=-M}^{j-Z} D_{ij} x_{ij} + \sum_{i=-M}^{N} E_{iN} w_{iN} \qquad (3-3)$$

满足

$$\sum_{j=1}^{N} x_{ij} + w_{iN} = A_i \qquad i = -M, \cdots, 0 \qquad (3-4)$$

$$\sum_{k=j+Z}^{N} x_{jk} + w_{jN} = \sum_{i=-M}^{j-Z} x_{ij} \qquad j = 1, \cdots, N \qquad (3-5)$$

式中：x_{ij} 和 x_{jk} 分别表示在规划期 i（或 j）更新造林而在规划分期 j（或 k）收获的面积；w_{iN} 和 w_{jN} 分别表示在规划期 i（或 j）更新造林且保留至规划期末 N 的面积；A_i 表示林分 i 的面积；M 为在规划期开始之前的规划分期数量；Z 表示林分更新与采伐之间的最小规划分期数；D_{ij} 表示林分在第 i 分期更新造林而在第 j 分期收获时获得的经济效益或其他效益。

3.3.3 模型Ⅲ

与 Model Ⅰ 和 Model Ⅱ 在林业实践中的广泛应用相比，Model Ⅲ 的具体应用则明显减少。在 Model Ⅲ 模型中，决策变量主要与龄级有关，即森林经营决策者首先要将所有具有相同龄级的林分进行分类，然后建立基于龄级特征的森林决策变量。与 Model Ⅱ 类似，一旦某个决策变量对应的林分被收获后，则该林分将以相同的树种被更新。虽然 Model Ⅱ 和 Model Ⅲ 模型在理论上更适用于森林管理规划问题，但当考虑立地和林型后这类模型往往会变得极为复杂，同时数量繁多的潜在经营方案以及约束条件会使这类问题变得更难求解（Bettinger et al.，2009）。

3.4 空间规划模型

采用空间规划模型是为了在实现特定管理目标的同时，尽可能减小营林措施对森林生态系统的影响。现阶段，常用的森林空间规划模型主要有单位限制模型（Unit Restriction Model，URM）和面积限制模型（Area Restriction Model，ARM）。

3.4.1 单位限制模型

单位限制模型严格禁止相邻林分在同一规划分期（或相近规划分期）被安排皆伐活动。根据 Murray（1999）建议，当研究区域林分平均面积与用户规定的最大连续采伐面积相近时，应当采用 URM 模型。以图 3-3 为例，假设该森林包括 A、B、C 3 个林分，每个林分的面积如图中所示。根据 URM 定义，存在以下约束方程：

$$X_{At}+X_{Bt} \leq 1 \tag{3-6}$$

$$X_{Bt}+X_{Ct} \leq 1 \tag{3-7}$$

式中：X_{Ut} 表示林分 U 是否在第 t 分期被安排采伐。显然，式（3-6）禁止林分 A 与 B 被同时采伐，而式（3-7）禁止林分 B 与 C 被同时采伐，此外因为林分 A 与 C 空间不相邻，其可以被同时采伐。如果进一步要求林分 A、B、C 均不被同时采伐，则该约束可表示为：

$$X_{At}+X_{Bt}+X_{Ct} \leq 2 \tag{3-8}$$

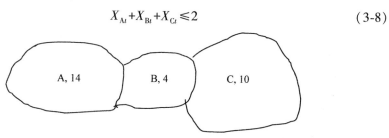

图 3-3 森林空间规划中的单位限制模型

绿量约束(Green-up)是指某个林分被采伐后,其邻接林分必须满足一定的约束条件才允许被安排某种采伐活动。例如,美国造纸与林业协会制定的可持续林业标准(SFI)要求相邻林分的树高必须要大于1.2 m或在其被采伐且更新3年后其相邻林分才被允许进行皆伐活动(Sustainable Forestry Initiative, 2015);而在瑞典亚高山地区,相邻林分在15年内则不允许被安排皆伐活动(Dahlim & Sallnas, 1993)。同样以图3-2为例说明,假设该森林的绿量约束为1个规划分期,则此时约束条件变为:

$$X_{At}+X_{Bf} \leq 1 \quad (3-9)$$

$$X_{Bt}+X_{Cf} \leq 1 \quad (3-10)$$

$$f \in [t-1, t+1], \begin{cases} f<0, f=1 \\ f>T, f=T \end{cases} \quad (3-11)$$

式中:f为规划分期t的邻近分期;T为总分期个数;式(3-9)和式(3-10)均需满足式(3-11)的约束。显然,式(3-9)表示如果林分A在第t分期被采伐,则林分B在式(3-11)所表示的所有分期内均不应被采伐;式(3-10)则表示如果林分B在第t分期内被采伐,则林分C同样在式(3-11)所表示的所有分期内均不应被采伐。因此,典型的URM约束可表示为(Murray, 1999):

$$X_{it} + \sum_{z=1}^{U_i}\sum_{m=1}^{T_m} X_{zm} \leq 1 \quad \forall i \quad (3-12)$$

式中:i为某个林分;X_{it}表示林分i在第t分期被采伐;U_i为林分i的所有邻接林分;z为某一收获单位;m为林分i的邻近分期,其中$m \in T_m$;T_m为某规划分期的所有邻近分期;X_{zm}为0-1型整数规划变量,当林分z在第t分期内被安排采伐时,$X_{zm}=1$;反之,则$X_{zm}=0$。

3.4.2 面积限制模型

面积限制模型允许相邻林分在同一规划分期(或相近规划分期)内被安排皆伐的经营活动,但其总面积不允许超过用户指定的最大面积A_{max}(Murray, 1999)。当研究区域的林分面积明显小于A_{max}时,应该采用该约束形式。本书以图3-4为例说明,图中给出了A-F共6个林分的面积,现假设每个林分包含2种经营措施(即皆伐和不采伐),规划分期数为1,最大连续经营面积为20。同时,此处将具有公共边界的林分定义为相邻林分,如A与B相邻,但A与C不相邻,则在图中允许同时经营的林分组合如表3-1基于面积限制模型的潜在森林收获组合所示。

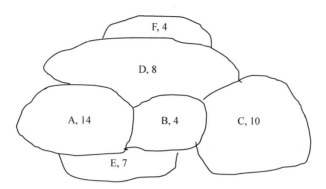

图 3-4 森林空间规划中的面积限制模型

表 3-1 基于面积限制模型的潜在森林收获组合情况

林分	数量	组合情况
A	1	B(18)
B	6	A(18); C(14); D(12); E(11); DE(19); DF(16)
C	2	B(14); D(12)
D	5	B(12); C(12); F(12); BE(19); BF(16)
E	2	B(11); BD(19)
F	2	D(12); BF(16)

同URM约束一样，ARM约束也可与绿量约束联合使用，即相邻林分在相近规划分期内只要其组合面积不超过约束条件则允许被同时采伐。因此，典型ARM模型的通用形式可表示为(Murray, 1999)：

$$X_{it}A_i + \sum_{k=1}^{U_i \cup S_i} \sum_{m=1}^{T_m} X_{km}A_k \leq U_{\max} \qquad \forall i \qquad (3\text{-}13)$$

式中：i 为某个林分；U_i 为与林分 i 邻接的所有林分的集合；S_i 为与林分 i 的邻接单位 U_i 相邻的所有林分集合，呈典型迭代形式。k 为林分 $U_i \cup S_i$ 集合中的一个子集；A_i 和 A_k 分别为林分 i 和 k 的面积；m 为某个规划分期；T_m 为与规划分期 t 邻近的所有分期集合；X_{it} 表示林分 i 是否在第 t 分期被采伐；X_{km} 表示与林分 i 相邻的林分是否在第 m 分期被采伐；$U_{\max}$ 表示用户允许的最大连续采伐面积。

3.4.3 其他模型

因森林生态系统结构和功能的复杂性以及森林经营目标的多样性，任何形式的空间规划目标均不能满足所有森林经营者的要求，如在同龄林中可能要求森林经营措施尽可能集中分布，以有利于采伐器械和临时建筑的安置；但在异龄林中为了避免过度采伐对森林生态系统的干扰，则又可能要求森林经营措施在空间上离散分布。因此，不同学者根据研究的需要提出了不同的空间规划模型形式，同样值得借鉴。如 Heinonen 和 Pukkala(2004)则采用具有相同经营措施林分间的公共边界长度占总边界长度的比例为规划目标模拟了森林空间收获安排问题；而陈伯望和 Gadow(2008)提出了用于度量规划期内林分经营措施的空间聚集或分散程度的森林空间值(FSV)，该目标进一步利用了相邻林分间公共边界长度和质心距离信息。显然，在研究森林空间规划问题时，设计科学、合理的规划模型形式对森林经营时间将起到重要作用，因此现有模型在实践中的应用效果仍值得进一步研究。

3.5 模拟退火算法原理

模拟退火算法(Simulated Annealing, SA)原理来源于固体的物理降温过程(Metropolis et al., 1953)，其基本思想是从一个给定的初始解开始，从邻域中随机产生另一个新解，根据目标函数值变化有选择地接受优化解或拒绝恶化解，从而产生满意目标解。该算法通常无条件地接受目标函数值改进的解，而根据 Metripolis 准则有选择地接受恶化解(Baskent & Jordan, 2002)，该特征有利于促使算法的搜索过程跳出局域收敛。在森林经营规划中(Bettinger et al., 2002; Öhman & Lämås, 2003; Crowe & Nelson, 2005; Öhman & Eriksson, 2002)，SA 算法可解释为：首先对每个林分(或小班)随机安排某种经营措施从而产生规划问题的初始解(即经营方案)，然后在初始解中随机选择林分并随机改变其经营措施而产生新解，之后根据目标函数值评估该新解的质量。Metripolis 准则可表示为(Metropolis et al., 1953)：

$$P = \mathrm{Exp}[(U_{new} - U_{old})/T_i] \qquad (3\text{-}14)$$

式中：P 为接受劣解的概率；T_i 相当于物理退火过程的温度 T；U_{old} 相当于固体此时的温度，即现在的目标函数值；U_{new} 相当于新产生的固体温度，即新解的目标函数值，此处要求 $U_{new} < U_{old}$；当 T 值较大时，算法接受劣解的概率较大，但随着 T 值的减小，接受劣解的概率也减小；当 T 完全趋于 0 时，算法不再接受任何恶化解。通过这样的设置，SA 算法允许接受一定的恶化解，从而有利于避免陷入局部最优解。SA 算法的整个流程详见图 3-5。标准版本的模拟退火算法可表示为如下过程(Bettinger et al., 2002)：

Step 1. 产生初始可行解 S。

Step 2. 获得模拟退火算法的初始温度 T_0，终止温度 t，每温度下交互次数

$nrep$,冷却速率 $r(0<r<1)$ 等。

Step 3. 当温度未达到冷却时(即 $T \geq t$),

Step 3.1 执行以下过程 $nrep$ 次:

a) 在初始解 S 基础上,采用随机方式生成新解 S';

b) 如果 S' 为可行解,则计算当前解的改进程度,即 $delta = f(S') - f(S)$;

c) 如果 $delta \geq 0$,则设置 $S = S'$,同时设置最优解为 $S^* = S'$;否则,以概率 $\mathrm{Exp}(-delta/T)$ 设置 set $S = S'$;

Step 3.2 降低温度,即 $T = r \cdot T$,

Step 4. 输出算法获得的最优解,S^*。

根据上述流程,模拟程序在产生新解 S' 后(Step 3.1.a),首先对该新解 S' 的可行性进行评估(Step 3.1.b),即是否违背相关约束条件,如果该新解 S' 违背了任何一项约束条件,则直接拒绝该解,同时算法返回到 Step 3.1.a;但如果该新解 S' 满足所有的约束条件,则计算该新解 S' 与当前解 S 目标函数值的差异。

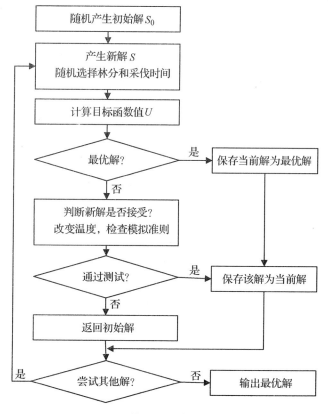

图 3-5 模拟退火算法流程图

之后，算法根据 Metropolis 准则确定是否接受新解(Step 3.1.c)，即如果 $delta \geqslant 0$，则接受新解，同时将新解置换为当前解；如果 $delta<0$，则按概率 P 有选择地接受新解。算法持续重复此过程 $nrep$ 次之后，执行降温过程(Step 3.2)，直至达到终止温度为止，此时算法获得的解即为该规划问题的最优解(Step 4)。显然，随着规划问题运行时间的增加，温度 T 值越低，算法接受恶化解的概率也越低。同其他启发式技术(如禁忌搜索、遗传算法等)一样，模拟退火算法并不能保证获得规划问题的最优解，但其优点是能够在有限的时间内提供一系列的满意解。

第4章
模拟退火算法参数敏感性

森林规划问题往往具有明显的非线性、非连续性以及非凸性等特征,研究人员采用的求解技术包括数学优化(如线性规划和混合整数规划)和启发式算法两大类。作为一种替代算法,启发式算法已被广泛应用于一系列的森林规划问题,如控制最大或平均的连续皆伐面积(Martins et al., 2014)、降低森林景观(Ohman & Lamas, 2005)或野生动物生境的破碎度(Pukkala et al., 2012)等。当前,林业领域中最常用的启发式算法包括:模拟退火算法(Crowe & Nelson, 2005)、门槛接受算法(Coulter et al., 2006)、禁忌搜索算法(Bettinger et al., 2005)以及遗传搜索算法(Fotakis et al., 2007)等,但现阶段这些方法在我国林业领域中的应用还鲜有报道,仅陈伯望等(2006)、曹旭鹏等(2013)以及吴承桢等(2000)有所涉及,但还仅限于非空间的森林规划问题。

目前,模拟退火算法已在国外的林业领域相关规划问题中得到了广泛应用,如 Öhman 和 Lämås(2003)建立了包含2600个林分的森林空间聚集采伐收获模型,结果表明经营措施的空间约束对规划周期内木材净收益的影响相对较小;Deusen(1999)建立了能够实现森林景观空间优化配置的规划模型,该模型有利于野生动物生境斑块质量和连通性的提高;Bettinger 等(2002)则建立了基于野生动物生境质量指数的多目标规划模型。但该方法在我国森林经营规划研究中的应用还相对较少,陈伯望等(2004)比较了线性规划、模拟退火和遗传算法在森林可持续经营中的应用效果,结果表明当林分数量较多时应优先采用后两种算法;陈伯望等(2006)以德国北部挪威云杉(*Picea abies*)林为例,探讨了多种管理策略对森林可持续经营的影响;吴承桢等(2000)则建立了多约束条件下的森林造林规划问题。然而,上述研究均未详细报道模拟退火算法不同参数及其组合对规划结果可能造成的影响。

多数的启发式算法(如模拟退火)均采用局域搜索策略。这类技术的核心可概括为:目标函数值的改进(即提高或减小)均采用微小的调整来实现。根据

Bettinger 等(1999)、Caro 等(2003)以及 Heinonen 和 Pukkala(2004)的定义，"调整"一词可理解为在每次优化过程中仅通过改变一个林分的经营措施来实现。因此，如果每次调整仅针对一个林分进行调整，则可定义为1-邻域(即1-opt)；但当同时调整 n 个林分的经营措施时，则可理解为 n-邻域(即 n-opt)。在林业领域中，现阶段存在两种完全不同的2-opt定义方式，即"改变"技术和"交换"技术。Caro 等(2003)、Heinonen 和 Pukkala(2004)以及 Dong 等(2015)评价了前种邻域策略在林业领域中的应用，而 Bettinger 等 (1999, 2007)则研究了后种策略在同类规划问题中的应用性能。理论上来说，前种邻域策略对目标函数值的调整作用要显著大于后者。

多数启发式算法的性能均对参数取值具有较高的敏感性，即当使用的参数不合理时，算法产生的目标解与该规划问题的实际最优解可能存在较大差异，同时也会严重影响不同启发式算法性能比较的研究结果。因此，在采用启发式算法解决实际的森林规划问题时，应当慎重选择和评估其使用参数对规划结果的影响。现阶段，在林业领域中已有部分学者提出了一些方法来消弱或定量评估这些算法的参数效应，如 Bettinger 等(2002)和 Strimbu 和 Paun(2012)均采用传统的试错法研究了不同算法的最优参数组合及其对规划结果的影响；Falcã 和 Borges(2002)则在1300个目标解的基础上，采用极值估计理论实现了最优参数选取；Pukkala 和 Heinonen(2005)采用 Hook 和 Jeeves 方法实现了多种启发式算法(如模拟退火算法)参数的自动化估计。这些研究成果均表明参数对森林规划结果具有重要影响，但需要强调的是这种参数效应实际上是很难通过实验来模拟的，特别是同时存在多个参数相互影响的情况下。因此，研究和掌握启发式算法的参数设置规律及技巧，已经成为当前森林经营规划研究领域的重点和难点。

上述研究虽然为启发式算法参数的合理估计提供了有效参考，但其均是基于最标准的算法进行的。但由于不同的改进措施使这类启发式算法具有不同的搜索策略，因此也应采用不同的参数组合。但现阶段，研究不同邻域搜索技术的参数敏感性问题的研究还鲜有报道。因此，本节研究的目标是以模拟退火算法的3种不同邻域搜索技术为例，探讨参数设置对森林规划问题目标解的影响效应。本节将重点探讨如下科学问题：①不同邻域搜索技术所获得的目标函数值是否受参数取值的影响；②如果假设1成立，则最优的参数值是否受规划问题规模的影响；③不同邻域搜索技术的求解效率是否与规划问题的规模有关联。显然，本研究可为今后同类问题研究中模拟退火算法最优参数的选取提供借鉴意义。

第4章 模拟退火算法参数敏感性

4.1 材料与方法

4.1.1 规划模型

为评估模拟退火算法不同邻域搜索技术对参数的敏感性,本研究采用一个经典的森林空间收获模型。该模型以最大化木材收获为目标,主要包含均衡收获和邻接限制等约束条件。模拟周期由10个5年规划分期组成,即规划周期为50年,分周期为5年。根据Johnson和Scheurman定义,该模型属于典型的模型Ⅰ形式(Johnson & Scheurman, 1997):

$$\text{Max } Z = \sum_{t=1}^{T} \sum_{i=1}^{N} A_i V_{it} X_{it} \tag{4-1}$$

满足

$$\sum_{t=1}^{T} X_{it} \leqslant 1 \quad \forall i \tag{4-2}$$

$$\sum_{i=1}^{N} Age_{it} \geqslant Age^{T} \tag{4-3}$$

$$\sum_{i=1}^{N} V_{it} A_i X_{it} - H_t = 0 \quad \forall t \tag{4-4}$$

$$B_{lt} H_t - H_{t+1} \leqslant 0 \quad t = 1, 2, \cdots, T-1 \tag{4-5}$$

$$-B_{ht} H_t + H_{t+1} \leqslant 0 \quad t = 1, 2, \cdots, T-1 \tag{4-6}$$

$$X_{it} A_i + \sum_{k \in N_i \cup S_i} X_{kt} A_k \leqslant U_{\max} \tag{4-7}$$

$$X_{it} \in \{0, 1\} \quad \forall i, t \tag{4-8}$$

式中:T为规划分期数;N为林分数量;i为任意林分;t为任意规划分期;k为林分i的邻接单位,即1-阶邻域,以及邻接于所有1-阶邻域的林分,即2-阶林分,呈无限递归扩散状(Murray, 1999);A_i为林分i的面积,单位hm^2;X_{it}为0-1型变量,如果林分i在第t分期被安排采伐,则$X_{it}=1$;否则,$X_{it}=0$;V_{it}为林分i在第t分期的可收获蓄积,单位$m^3 \cdot hm^{-2}$;H_t为第t分期的总收获蓄积;B_{lt}为允许收获蓄积在不同规划分期波动的最低下限;B_{ht}为允许收获蓄积在不同规划分期波动的最高上限;N_i为林分i的1-阶邻域集合;S_i为林分i的所有2-阶邻域集合;$U_{\max}$为允许的最大连续收获面积;Age_{it}为林分i在第t分期的年龄;Age^T为允许收获的最低年龄。

上述方程中,式(4-1)表示本研究所建立的目标函数,即实现森林的最大化木材收获;式(4-2)为奇异点约束,即要求每个林分在整个规划期内最多只允许被采伐1次;式(4-3)为最小收获年龄;式(4-4)表示计算各规划分期木材总收获量;式(4-5)和(4-6)表示均衡木材收获约束,即将不同分期的收获蓄积限制在一定的范围内;式(4-7)确保最大的连续收获面积不被违背,该约束采用 Murray(1999)提供的面积限制模型(ARM);最后,式(4-8)表示所有的决策变量均为0-1型,即同一林分不允许被不同的经营方式分割。

4.1.2 模拟数据

为评估模拟退火算法的参数设置对森林空间收获规划问题结果的影响,本研究创建了5个不同规模的栅格数据集,以代表5种不同的森林规划问题。这些数据集分别包括400(20行×20列)、1600(40行×40列)、3600(60行×60列)、6400(80行×80列)和10000(100行×100列)个林分,每个林分的面积均假设为10 hm²。为减少林分中其他因素(如立地等)的干扰,本研究借鉴控制实验中的相关方法,即只将林分的年龄设置为随机因素。模拟的林分年龄均匀分布在0~50年内,其林龄结构分布如图4-1所示。各林分的潜在收获以戎建涛等(2012)建立的东北地区落叶松人工林蓄积生长模型为基础。在所有的模拟森林中,本研究所考虑的经营活动仅包含两种,即皆伐与不采伐。此外,假设所有的决策变量均为0-1型变量,即不允许任何一个林分被不同的采伐方式分割。同时,为了避免对中幼龄林的过度干扰,决策变量的产生还应满足最小收获年龄的约束,本文设定为31年。森林规划方案包括10个5年规划分期。根据上述规划模型,本研究所模拟的5个森林数据集最终包含3300~81600个0-1型决策变量。

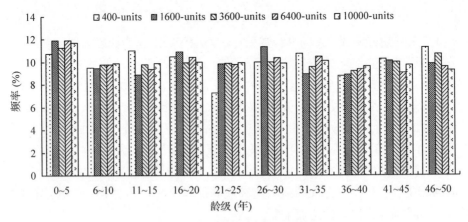

图4-1 落叶松人工林模拟数据集的林龄结构分布

4.1.3 搜索算法

邻域搜索是启发式算法有效的强化技术之一，但关于不同邻域搜索技术的参数敏感性研究则鲜有报道。因此，本文将以模拟退火算法的3种不同邻域搜索技术为例进行尝试研究。方法1采用标准的模拟退火算法（即1-opt；图4-2. A）。新解S'的产生是在当前解S的基础上通过一个微小的调整实现的，其过程如下：1）在当前解S的基础上，随机选择一个决策变量，X_{ij}；2）如果$X_{ij}=1$，则设置$X_{ij}=0$；如果$X_{ij}=0$，则设置$X_{ij}=1$；3）如果产生的候选解为可行解，则其为当前解的一个邻域，即新解S'。

方法2采用Bettinger等提供的邻域搜索技术（Bettinger et al., 1999; Bettinger et al., 2005），即将1-opt和2-opt技术进行有效结合。需要特别说明的是，此处的2-opt是通过交换两个随机选择林分的经营措施实现的。"交换"2-opt策略下邻域解的产生可通过如下过程实现（图4-2. B）：1）从当前解中随机选择两个决策变量，X_{ij}和X_{mn}（其中，$i \neq m$，$j \neq n$和$X_{ij} \neq X_{mn}$）；2）如果$X_{ij}=1$且$X_{mn}=0$，则交换两个决策变量的取值，即设置$X_{ij}=0$且$X_{mn}=1$；如果$X_{ij}=0$且$X_{mn}=1$，则设置$X_{ij}=1$且$X_{mn}=0$；3）此处与方法1类似，如果产生的候选解为可行解，则按照概率Exp($-delta/T$)确定是否接受该解。该搜索策略将首先运行若干次的1-opt过程以丰富搜索过程，然后再运行若干次的2-opt过程以强化搜索过程，即在1-opt和2-opt过程间实现不断往复循环，直至整个搜索过程结束。

方法3采用Caro等(2003)、Heinonen和Pukkala(2004)以及Dong等(2015)提供的"改变"2-opt技术。该搜索策略与"交换"2-opt技术的区别在于：①整个搜索过程不采用1-opt技术；②候选解的产生是通过对两个随机选择的林分以随机方式产生新的经营措施来实现的，而不是交换方式。在该策略下，候选解的产生可通过如下过程实现：①从当前解中随机选择两个决策变量，X_{ij}和X_{mn}（其中$i \neq m$，$j \neq n$）；②根据该规则，模拟程序在理论上可产生12种不同的候选解（如图4-2. C所示）；③同样与上述策略类似，如果其为可行解，则其为当前解S的一个有效新解，即S'。

4.1.4 模拟参数

启发式算法对参数具有高度的敏感性，不恰当的参数设置不仅影响森林规划结果的实际应用，也会对不同启发式算法性能比较的研究产生显著影响（Pukkala & Kurttila, 2005）。为减小参数设置对启发式算法求解效率的影响，本研究对模拟退火算法中的初始温度、冷却速率、每温度下交互次数以及初始解数量进行了一系列测试。在现有相关研究结论的支持下（Bettinger et al., 2002;

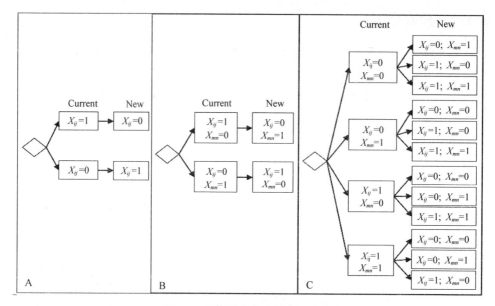

图 4-2 不同邻域产生规则示意图

注：A 为 1-opt；B 为"交换"2-opt；C 为"改变"2-opt；X_{ij} 为 0-1 型决策变量，如果 $X_{ij}=1$ 则表示林分 i 在第 t 分期被安排收获，反之则未被安排收获；X_{mn} 为另一决策变量，但满足 $i \neq m$ 且 $j \neq n$ 约束. 模拟程序将自动排除与当前解完全相同的新解

Strimbu & Paum，2012；Falca 和 Borges，2002），每个测试参数设置了 10 个不同的等级（图 4-3）。对于终止温度，根据相关学者研究结果，将其始终设置为 10（Bettinger et al.，2002；Falca & Borges，2002）。理论上，由不同参数随机组合所形成的测试空间高达 10^4，这无疑是一个巨大的工作量。因此本研究采用 Hooke&Jeeves 提供的方法（Hooke & Jeeves，1961），即每次只对一个参数做微小的调整而保持其他参数不变。该方法等同于计算每个参数的边际效益递减曲线。本研究所采用的基准参数集为：初始温度 = 10^6，冷却速率 = 0.95，每温度下交互次数 = 600，初始解数量 = 600。

对参数敏感性的测试，本研究采用 Bettinger 等（2002）、Falcã 和 Borges（2002）所采用的重复模拟分析法（即试错法）。由于模拟退火算法采用了随机搜索策略，因此不同林分、搜索技术以及参数级别的组合均模拟 20 次，因此共计 12000 个目标解（即 20 次模拟× 10 级别× 4 个参数× 5 个林分× 3 种搜索策略）被产生。模拟程序采用 Microsoft Visual Basic 6.0 实现，所有目标解均在 2.6 GHz Core i5 处理器和 Windows 7 操作系统下产生，其共消耗约 41 天。

现阶段已有多种方法可用于评估启发式算法目标解的质量（Bettinger et al.，

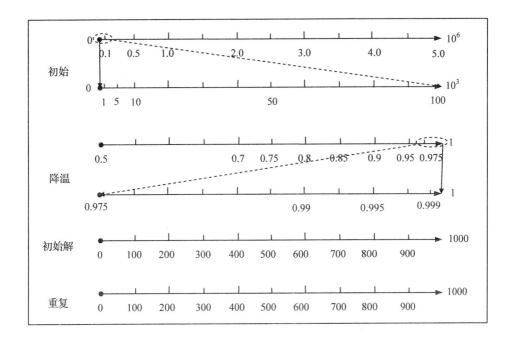

图 4-3　模拟退火算法测试参数

2009），但规划问题的"宽松"化混合整数优化（MIP）是其中一种最常用的技术。"宽松"表示忽略所研究规划问题中的邻接约束条件。因此，包含了 3300~81600 个决策变量的混合整数优化模型也被建立，以用于评估模拟退火算法 3 种不同搜索策略的求解效率。该 MIP 问题的求解采用 Lingo14.0 软件实现。求解过程首先采用 Lingo14.0 软件中的默认参数，但发现模拟过程在持续 24h 后仍未获得最优解。在经过多次尝试模拟后，本研究允许的最大模拟次数为 10^8 次，最终每个模拟耗时 0.45~10 h。模拟退火算法不同邻域搜索技术求解效率的评价采用如下公式：

$$RE = \frac{OBJ_{SA}}{OBJ_{MIP}} \times 100\% \tag{4-9}$$

式中：RE 为模拟退火算法的求解效率；OBJ_{SA} 为模拟退火算法获得的目标函数值；OBJ_{MIP} 为混合整数规划方法获得的目标函数值。

同时，因模拟退火算法仅能够提供规划问题的满意解而非最优解，因此该类算法提供满意解的概率也是森林经营决策人员关心的主要问题。为此，将模拟退火算法 800 次随机模拟中目标函数值介于 MIP 提供的目标函数值 10% 以内的数量，定义为模拟退火算法获得满意解的概率（PN），其用公式表示为：

$$PN = \frac{\sum_{d=1}^{D} f_d}{D} \times 100\% \qquad (4\text{-}10)$$

$$f_d = \begin{cases} 1 & OBJ_d \geqslant 0.9 \cdot OBJ_{\text{MIP}} \\ 0 & \text{others} \end{cases} \qquad (4\text{-}11)$$

式中：d 表示模拟退火算法的第 d 个目标解；D 为某个规划问题目标解的总数量，本研究中每个林分包括 800 个目标解；f_d 表示第 d 个模拟退火算目标解是否为满意解，用式(4-10)计算；显然如果其是满意解，则 $f_d=1$；否则，$f_d=0$；OBJ_d 为模拟退火算法第 d 个目标解的目标函数值；OBJ_{MIP} 为混合整数规划算法的目标函数值。

4.2 结果与分析

根据上述方法，本研究分别对不同参数、不同级别、不同林分以及搜索策略整理了共计 12000 个目标解所对应的收获蓄积和优化时间，如图4-4 到图4-8所示。统计分析表明模拟退火算法获得的目标函数值的变异系数仅在 0.11%~31.28%间波动，验证了模拟退火算法的随机属性。方法 2 的优化时间通常为其余两种方法的 2~3 倍，但方法 1 和 3 的优化时间则差异不显著。3 种邻域搜索技术的求解效率均与规划问题的规模显著相关，尤其是方法 2 的相关性更为明显。相关研究结果将按以下顺序逐一描述：①特定数据参数敏感性的分析；②规划问题规模对最优参数的影响；③规划问题规模对模拟退火算法求解效率的影响；④参数值估计模型的应用效果评价。

4.2.1 参数敏感性

参数取值和林分数量均对目标解的收获蓄积和优化时间有显著影响。为了评估初始解数量对规划结果的影响，模拟程序采用蒙特卡洛模拟随机产生 N 个初始解，仅选取其中目标函数值最大的解作为算法优化过程的初始解。模拟结果表明规划期末的收获蓄积不受初始解数量的影响，但不同等级 N 值内目标函数值的变异系数随林分数量的增加呈增大趋势。方法 1 的变异系数从 3.71%(400-unit)增加到 13.99%(10000-unit)，方法 2 的变异系数从 4.09%(400-unit)增加到 17.68%(10000-unit)，方法 3 的变异系数也呈现出此种变化趋势，从 5.46%(400-unit)增加到 13.13%(10000-unit)。算法的优化时间不受初始解数量的影响，这也可理解为初始解的质量对算法优化时间的影响不显著。除 400-unit 数据外，方法 2 的优化时间通常为其余两种方法的 2~3 倍，但方法 2

第 4 章
模拟退火算法参数敏感性

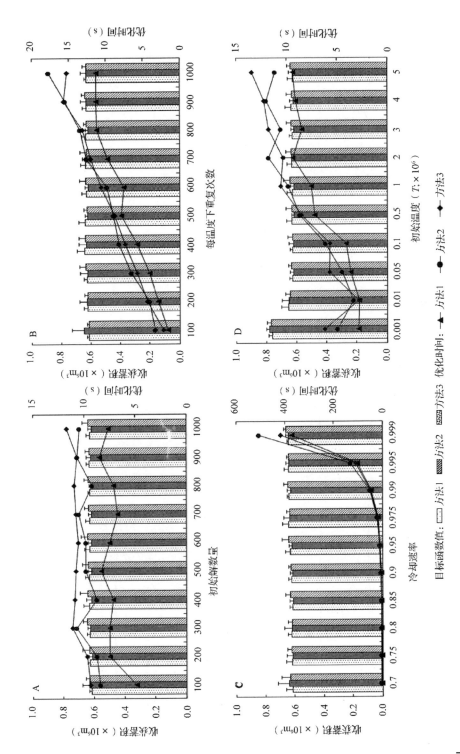

图 4-4 400-unit 数据的目标函数值和优化时间的参数敏感性

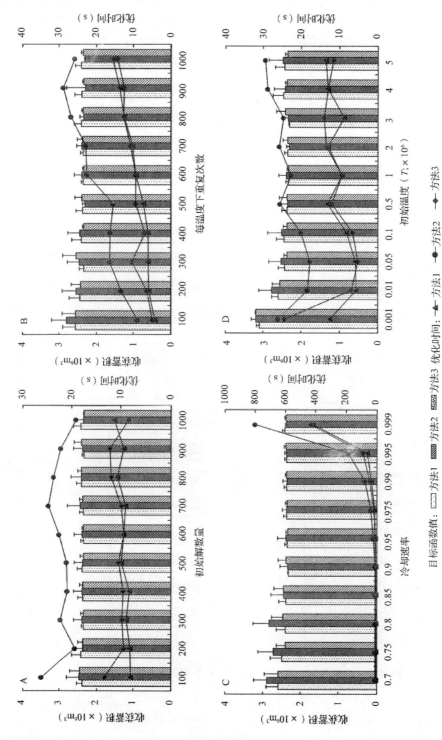

图 4-5 1600-unit 数据的目标函数值和优化时间的参数敏感性

第4章
模拟退火算法参数敏感性

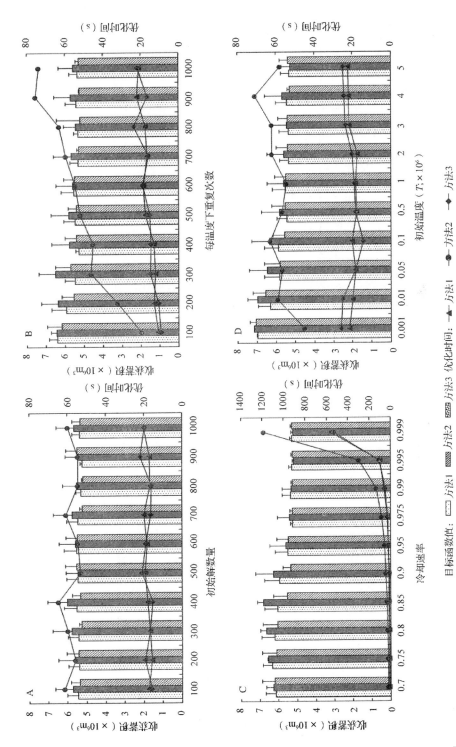

图 4-6　3600-unit 数据的目标函数值和优化时间的参数敏感性

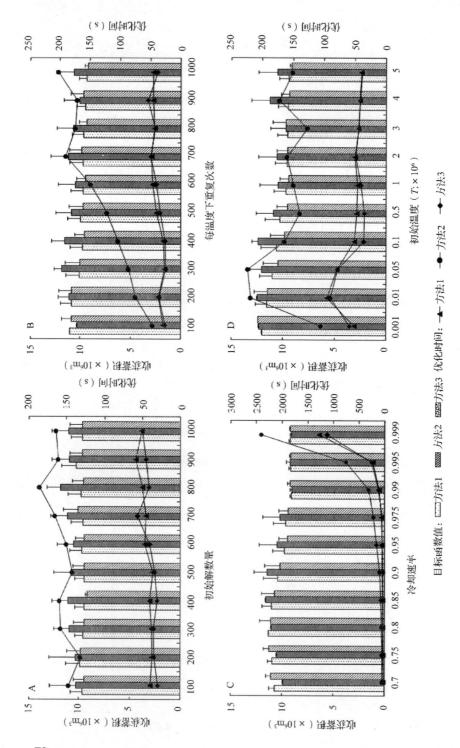

图 4-7 6400-unit 数据的目标函数值和优化时间的参数敏感性

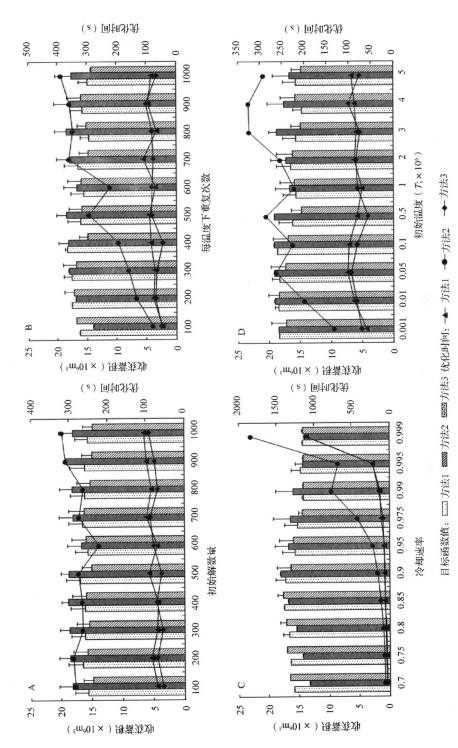

图 4-8 10000-unit 数据的目标函数值和优化时间的参数敏感性

和 3 的优化时间则无显著差异。

  理论上，每温度下重复次数（nrep）越高，搜索过程探索可行解空间的机会（即搜索次数）也越高，进而可增加算法获得满意解的概率。研究表明当林分数量低于 400 时，目标函数解的质量不受 nrep 值的影响。对于 1600-unit，当 nrep=100 时可获得最大的目标函数值。而当林分数量继续增加时，最优 nrep 值随林分数量的增加而增加，但通常介于 100~500 之间。当 nrep 值继续增加时，不同等级的 nrep 对应的目标函数值无显著差异。不同等级 nrep 所对应目标函数值的变异系数也随着林分数量的增加呈增大趋势。具体表现为：①方法 1 的变异系数从 7.66%（400-units）增加到 14.58%（10000-units）；②方法 2 的变异系数也从 12.22%（400-units）增加到 22.68%（1600-units）；③方法 3 同样表现出该趋势，即从 6.90%（400-units）增加到 24.17%（3600-units）。与初始解数量 N 值呈相似性变化规律，参数 nrep 的研究中方法 2 的优化时间也为其他两种方法的 2~3 倍，同样方法 2 与 3 之间的差异不显著。此外，研究还表明 3 种搜索策略的优化时间均随 nrep 值得增加呈线性增加趋势，特别是方法 2 的线性相关系数（R^2）均高达 0.90。

  模拟退火算法原理来源于固体降温过程，显然当金属温度下降的越慢，则其结构越稳定；当算法搜索过程下降的越慢，解的质量也越高。但本研究结果表明冷却速率（r）并不是越慢越好，而与规划问题规模显著相关。当林分数量低于 400 时，目标解对应的收获蓄积不受测试 r 值的影响，而当林分数量继续增加时，r 值主要波动于 0.7~0.9 之间。收获蓄积与 r 值间的关系整体呈明显的倒 U 型曲线，即收获蓄积首先随着 r 值的增大而增加，之后则随着 r 值的继续增大而不断减小。不同 r 值对应的目标函数值的变异系数也与规划问题规模显著相关，方法 1 的变异系数在 6.88%~14.01%间波动，方法 2 则波动于 11.71%~18.29%之间，方法 3 波动于 9.43%~14.73%之间。与前述每温度下重复次数（nrep）类似，r 值显著影响算法的优化时间，即随着 r 值的增加优化时间呈显著的指数增加趋势，其拟合方法的确定系数（R^2）介于 0.51~0.83 之间。

  根据模拟退火算法原理，初始温度（T）越高，接受恶化解的概率也越高，进而有利于算法收敛于局部最优，但本研究结果表明较低的初始温度同样有利于增加目标解的质量，这可能是由于每温度下重复次数 nrep 值较高引起的。对于林分数量较小的林分（400-units，1600-units 和 3600-units），当温度 T=1000 时，往往能够产生最大平均目标函数值，而之后随着 T 值继续增加，平均目标函数值则呈现出一定的下降趋势；但当林分数量较大时（6400-units 和 10000-units），不同温度所获得的平均目标函数值则差异不显著。当林分数量为 400 时，优化时间随着初始温度 T 的增加而呈现明显的增加趋势；但当林分数量继续增加时，初始温度 T 则通常对不同邻域搜索技术的优化时间无显著影响。此外，方法 2 的优化时间也通常为其他两种方法的 2~3 倍，但方法 2 和 3 之间的差异也不显著。

4.2.2 最优参数值敏感性

根据上述分析可知，模拟退火算法不同邻域搜索技术的最优参数取值均与规划问题的规模显著相关。但由于模拟退火算法的随机属性，参数的最优取值在实践中会很难确定。因此，本研究仅根据上述模拟结果选取每个数据集中平均目标函数值最大的作为其最优参数值，而不考虑不同参数值对应的目标函数值间的差异是否显著的问题。在此背景下，图 4-9 给出了每个参数的最优值与规划问题规模的关系曲线。可以看出，方法 1 的初始解数量 N 不受林分数量的影响，但方法 2 和 3 则随着林分数量的增加呈显著增加趋势。当林分数量低于10000 时，方法 1 和 3 的每温度下重复次数 $nrep$ 对林分数量的变化也不敏感，但之后均呈现增加趋势；而方法 2 则显著随林分数量的增加而增加。当林分数量为 400 时，方法 3 中搜索策略的降温速率 r 均较慢(0.999)，但之后均随着林分数量的增加呈缓慢的增加趋势。当林分数量小于 6400 时，3 种搜索策略的初始温度 T 值均保持不变，但当林分数量继续增加时，则呈快速增加趋势。因此，本研究认为方法 2 的参数取值对林分数量的变化更为敏感。

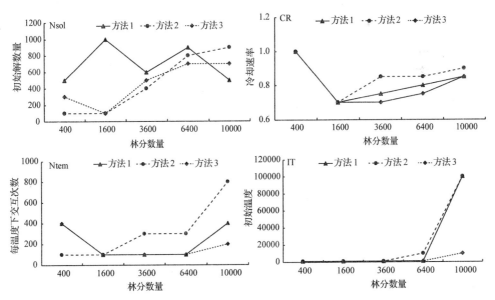

图 4-9 模拟退火算法最优参数值与林分数量的关系

表4-1 模拟退火算法不同邻域搜索最优参数值的估计模型

参数	搜索策略	拟合函数	确定系数 R^2
初始解数量	方法1	$Y = -0.1191(X/100)^2 + 11.2751(X/100) + 576.9231$	0.3209
	方法2	$Y = -0.0591(X/100)^2 + 15.5818(X/100) - 40.5594$	0.9564
	方法3	$Y = -0.0554(X/100)^2 + 11.5203(X/100) + 126.5734$	0.7770
每温度下重复次数	方法1	$Y = 0.1409(X/100)^2 - 13.8845(X/100) + 389.5105$	0.8508
	方法2	$Y = 0.0668(X/100)^2 - 0.0092(X/100) + 111.1888$	0.9420
	方法3	$Y = 0.0919(X/100)^2 - 7.7713(X/100) + 274.1259$	0.8370
降温速率	方法1	$Y = 0.0001(X/100)^2 - 0.0075(X/100) + 0.9348$	0.4158
	方法2	$Y = 0.0001(X/100)^2 - 0.0046(X/100) + 0.9184$	0.2010
	方法3	$Y = 0.0001(X/100)^2 - 0.0088(X/100) + 0.9608$	0.9364
初始温度	方法1	$Y = 377.1122e^{0.0431(X/100)}$	0.6551
	方法2	$Y = 426.0021e^{0.0508(X/100)}$	0.9099
	方法3	$Y = 7111.8538e^{0.0151(X/100)}$	0.6551

注：Y 表示因变量、X 表示自变量（林分数量），方法1-3分别表示标准的1-邻域算法、交换式2-邻域算法和变化式2-邻域算法。

4.2.3 求解效率敏感性

图4-10给出了模拟退火算法不同邻域搜索技术的求解效率与林分数量的关系曲线。可以看出，3种邻域搜索技术的 PN 值均随林分数量的增加呈显著的线性增加趋势，但方法2的 PN 值显著大于其他两种求解技术，说明方法2产生满意解的概率要显著大于其他两种方法。此外，当林分数量低于6400时，方法3的求解效率仅略大于方法1，但之后则显著小于方法3。模拟退火算法不同邻域搜索技术的 RE 值均随林分数量的增加呈显著下降趋势，即随着规划问题规模的增加，其变得越难以求解。如果仅以 RE 值为评估不同邻域搜索技术性能的

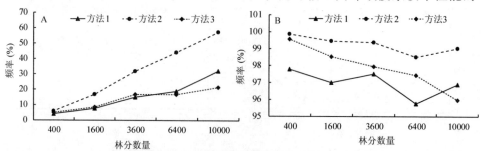

图4-10 模拟退火算法不同邻域搜索技术的满意解概率（A）和求解效率（B）

指标，则方法 2 是最优的搜索策略。PN 值和 RE 值的结果均证实了模拟退火算法不同邻域搜索技术的求解效率是与规划问题规模显著相关的。

4.2.4 应用案例

为了进一步评估本章所建立的模拟退火算法参数估计模型的适用性，继续在 4.1.2 节方法的基础上生成 30 行×30 列和 90 行×90 列两组栅格数据。此外，为了进一步增加所创建的栅格数据的复杂性，约 10% 的栅格被随机删除。采用表 4-1 中各种邻域搜索策略的参数值估计模型对 30 行×30 列和 90 行×90 列两组数据的初始参数进行估计，结果如表 4-2 所示。对于 900 个林分数据集，3 种方法中估计情景的总迭代次数分别仅为参考情景的 7.23%（方法 1）、2.98%（方法 2）和 7.76%（方法 3），优化时间显著缩短了大约 20 倍，但其平均目标函数值却较参考情景提升了约 29.41%、23.45% 和 32.03%。对 8100 个林分数据而言，参数估计情景和参考情景的情况略显复杂，其中方法 1 的目标函数略低于参考情景外，而方法 2 和 3 的目标函数值均显著大于参考情景，分别提升了约 5.02% 和 18.98%。参数估计情景的总迭代次数仅为参考情景的 59.66%、23.95% 和 1.04%，算法优化时间也得到了显著提升。

表 4-2 参数估计情景和参考情景下不同邻域模拟退火算法应用效果比较

林分数量	方法	情景	参数[1]	交互次数	目标函数值(10^6 m³)				优化时间(s)	
					最小	最大	平均	标准差	平均	标准差
900	方法 1	参考情景	[10^6, 600, 600, 0.95]	135000	1.14	1.35	1.21	0.07	28.40	3.32
		估计情景	[532, 659, 287, 0.8812]	9758	1.54	1.59	1.56	0.01	3.00	0.00
	方法 2	参考情景	[10^6, 600, 600, 0.95]	135000	1.16	1.19	1.17	0.01	28.60	4.50
		估计情景	[639, 80, 115, 0.8880]	4025	1.40	1.46	1.44	0.02	1.00	0.00
	方法 3	参考情景	[10^6, 600, 600, 0.95]	135000	1.15	1.28	1.19	0.04	27.80	3.12
		估计情景	[729, 215, 283, 0.8797]	10471	1.55	1.59	1.57	0.01	2.00	0.00
8100	方法 1	参考情景	[10^6, 600, 600, 0.95]	135000	10.68	14.02	12.70	1.60	150.40	9.09
		估计情景	[12378, 709, 189, 0.9834]	80514	13.91	13.95	13.92	0.02	95.25	1.64
	方法 2	参考情景	[10^6, 600, 600, 0.95]	135000	10.12	14.02	13.23	1.55	150.50	2.69
		估计情景	[26088, 834, 549, 0.8739]	32332	12.49	12.64	12.57	0.06	45.25	1.09
	方法 3	参考情景	[10^6, 600, 600, 0.95]	135000	13.99	14.01	14.00	0.01	154.60	3.83
		估计情景	[24164, 464, 248, 0.9041]	19266	11.26	11.45	11.34	0.06	25.80	0.40

注：1) 参数估计值按 [IT, $Nsol$, $Ntem$, CR] 给出；方法 1-3 分别表示标准的 1-邻域算法、交换式 2-邻域算法和变化式 2-邻域算法。

4.3 讨论与结论

4.3.1 讨　论

启发式算法是当前解决复杂森林规划问题的主要技术之一,但其求解效率往往取决于用户所设定参数值的合理性,因此定量分析启发式算法的参数敏感性对森林经营规划实践和不同启发式算法性能的比较研究具有重要意义。因此,本研究以模拟退火算法为例,以5个不同大小的栅格数据为基础,系统评估模拟退火算法4个主要参数取值、求解效率及获得满意解概率等核心问题随林分数量的变化规律。研究结果表明,当分别对12000个目标函数值不同参数、不同级别以及不同林分进行统计时,其平均变异系数仅在0.11%~31.28%之间,验证了模拟退火算法优化结果的高度稳定性,这与Bettinger(2002)、Strimbu和Paun(2012)、Falcã和Borges(2002)以及Pukkala和Heinonen(2005)的研究结果一致,说明模拟退火算法能够满足复杂森林规划问题的需要。

最优参数取值与规划问题规模显著相关,但其关系目前还存在较大的不确定性。模拟结果表明:每温度下重复次数和初始温度分别与林分数量存在着显著的多项式($R^2=0.85$)和指数($R^2=0.66$)关系,降温速率则与林分数量倒数存在显著多项式关系($R^2=0.98$),而初始解数量和降温速率则不受林分数量的影响($R^2=0.04$),但进一步统计结果表明初始解数量至少维持在500次以上。需要强调的是,无论各参数与林分数量存在何种关系,其均会表现出一定的变异性。显然,本研究所获得的结果与Pukkala和Heinonen(2005)的研究结论并不完全相同,他们建议该算法的初始温度应设为$2/N$,冷却速率应为1%~2%的初始温度。但需要特别指出的是,在他们的研究中,每个参数的等级以及模拟的森林数量均仅为5个,且每个森林中的林分数量仅为100~800个,因此他们给出的这种关系也缺乏足够的数据支撑。

模拟退火算法求解效率和获得满意解概率也与规划问题规模显著相关。这可理解为:对一个特定的规划问题,当林分数量越多,可行解空间也越大,满意解空间也会增大(根据本研究对满意解的定义,即MIP目标函数值10%以内的解空间),因此若想进一步获得最优解则会变得更为困难。结果表明,模拟退火算法获得满意解的概率会随着林分数量的增加而增加,这与Crowe和Nelson(2005)的结论一致。但在此基础上,本研究还发现模拟退火算法最优解质量却随着林分数量的增加而显著降低。

需要特别说明的是,虽然栅格模拟数据可避免复杂林分特征和空间关系等因素对规划结果的干扰,从而有利于实施一个精确的控制实验,但其与真实的林分数据仍存在较大差异,包括林分和非林分因素。在空间方面,董灵波等(2017)指出盘古林场2009年二类调查数据中每个林分的相邻林分数量在1~22个范围内,平均数量为5.46个,标准差为1.90个,显然这种复杂的空间关系可能会对结论产生一定影响,但其作用程度仍有待于进一步研究。

4.3.2 结 论

(1)本研究模拟的4000个目标函数值的平均变异系数仅为0.18%~14.95%,说明模拟退火算法优化结果具有高度稳定性,能够适应复杂森林规划问题的需求;

(2)模拟退火算法参数取值与林分数量密切相关,其中每温度下重复次数和初始温度分别与林分数量呈显著的多项式($R^2=0.85$)和指数($R^2=0.66$)关系,而降温速率则与林分数量倒数呈显著的多项式关系($R^2=0.98$),初始解数量虽不受林分数量影响,但其至少应维持在500次以上。

(3)模拟退火算法求解效率(即RE值)和获得满意解概率(即PN值)同样受林分数量的影响,其中满意解概率随林分数量的增加而呈显著线性增加趋势($R^2=0.98$),但求解效率则呈显著线性下降趋势($R^2=0.55$)。

第5章
模拟退火算法邻域搜索技术评价

现阶段,森林规划问题的优化求解技术主要包括传统的数学优化(如线性规划)和启发式算法(如模拟退火算法)。由于森林规划问题属典型的组合优化技术,因此规划问题的解空间会随着规划问题规模的增加而呈现出典型的非线性增加趋势(Lockwood & Moore, 1993)。如果假设某区域有 n 个小班,每个小班有两种经营措施(如皆伐和不采伐),则该地区所有经营方案的组合共有 2^n 种可能,呈明显指数型增长趋势。若进一步假设该区域仅有 2 个小班,而每个小班备选经营措施可以有 k 个,则所有经营方案的组合共有 k^2 种可能,呈明显幂函数增长趋势。显然,随着规划问题规模的持续增加,求解这些问题所需的计算时间和存储空间也会急速增加,进而出现所谓的"组合爆炸"现象。同时,空间约束要求还会使决策变量间呈现典型的非线性、非凸性以及非连续性特征,因此这类规划问题已经严重超出了传统数学优化技术的处理能力,需要寻求更为有效的替代技术。

模拟退火算法(SA)作为一种邻域搜索技术,已广泛应用于一系列重要的林业规划问题中,如 Öhman 和 Lämås(2003)以具有相同经营措施小班间的公共边界长度占总边界长度的比例为目标,研究了长期(40 年)森林经营规划中营林措施的聚集分布问题;Crowe 和 Nelson(2005)则以面积邻接约束(Area Restriction Model,ARM)、蓄积均衡收获和期末存量为主要约束条件,研究了森林的空间收获安排问题;Baskent 和 Jordan(2002)以常用森林景观格局指数、蓄积收获均衡和面积邻接约束为基础,建立了森林景观的空间优化模型;Öhman 和 Eriksson(2002)以均衡收获和期末存量为主要约束条件,建立了森林中野生动物的生境保护模型;在我国相关研究中,仅陈伯望和 Gadow(2008)以森林空间聚集为例研究了森林的空间收获安排问题;刘莉等(2011)采用森林模拟优化模型(FSOS)研究了长白山林区的森林多功能经营,该模型同样采用模拟退火作为优化算法,这些研究均表明模拟退火算法能够有效提供复杂森林规划问题的满意解(即森林经营方案)。然而,这些研究均是基于标准的模拟退火算法实施的,即 1-邻域技术。根据 Bettinger 等(2002)定义,如果每次优化过程中仅调整 1 个小班的经营措施,则可将其考虑为 1-邻域(或 1-opt);但当同时调整 λ 个小班的经营措施时,则可将其理解为 λ-邻域(或 λ-opt)。在林业领域中,邻域搜索技术已经得到广泛应用,如 Heinonen 和 Pukkala(2004)研究表明 SA 算法 2-邻域技术能够将森林空间收获安排问题的目标函数值平均提高约 0.25%;Caro 等(2003)指出 2-邻域技术同样可提高禁忌搜索(Tabu Search, TS)算法的求解效率,其中 3 种不同规模规划问题的目标函数值分别被提高了约 3.32%、3.82% 和 12.75%,但近期 Bachmatiuk 等(2015)研究表明 2-邻域技术仅能够显著提高相对简单规划问题的目标解质量,而当规划变得较为复杂时,该方法的求解效率则会显著降低。

综上所述,现阶段关于邻域搜索技术在森林空间规划问题中的求解效率还存在较大争议,同时鉴于森林空间规划以及启发式算法在我国当前的森林经营研究中还鲜有报道。因此,本研究以模拟退火算法为例,系统评估不同邻域搜索技术在森林空间规划问题中的应用潜力。研究中所涉及的森林规划问题均以 50 年规划周期内的最大化木材收获为目标函数,同时规划模型还需满足蓄积收获均衡约束、期末存量约束、单位限制模型和绿量约束等条件。为了定量评估不同算法的优劣程度及其对小班数量的响应,本研究采用 3 个模拟的栅格数据集,其分别包含了 400、3600 和 10000 个小班,最后采用配对 T-检验分析不同邻域搜索技术目标函数值的差异显著性。

5.1 材料与方法

5.1.1 研究数据

为了有效评估不同邻域搜索技术的求解效率及其对小班数量的响应,本研究设计了 3 种不同规模的栅格数据集,其分别由 20 行×20 列(林分Ⅰ;400 个)、60 行×60 列(林分Ⅱ;3600 个)、100 行×100 列(林分Ⅲ;10000 个)林分组成。每个栅格代表 10 hm² 的落叶松人工林,每个小班的年龄采用随机数生成,其均匀分布在 0~50 年之间,除此之外假设其他所有小班属性(如立地等)均完全相同。3 个林分的龄级分布频率如表 5-1 所示。各小班单位面积木材收获量的预测采用戎建涛等(2011)建立的长白落叶松人工林蓄积公式,该公式仅以小班年龄作为自变量而不考虑其他因素的影响:

$$V = a[1 - \mathrm{Exp}(-b \cdot t)]^c \tag{5-1}$$

式中：V 和 t 分别为小班蓄积和年龄，$a=244.216$、$b=0.091$、$c=12.126$ 分别为 Richards 方程的位置、尺度和形状参数，模型预估精度达 92.077%。需要说明的是，虽然这类林分数据集与现实中的林分数据结构和格局不完全相同，但其对我国平原地区人工商品林生产基地的经营管理仍具有重要借鉴意义，且这类数据在国外学者的森林经营规划研究中也得到广泛使用（Dong et al., 2015; Boston & Bettinger, 1999）。在所有的森林采伐模拟中，本研究所考虑的经营措施仅包括两种，即皆伐与不采伐。此外，所有的决策变量均为 0-1 型变量，即不允许任何一个小班被多种经营措施分割，同时假设森林的所有采伐活动均在每个规划分期的期中进行。若某小班被采伐后，其将以相同树种立即进行更新造林，之后该小班蓄积仍采用经验模型来预估。为了避免对中幼龄林的过度干扰，本研究中最小收获年龄约束均假设为 31 年，即当小班年龄小于该数值时，优化程序将不会产生相关决策变量。

表 5-1　模拟数据集的林分龄级结构分布

林分	年龄范围(年)									
	0~5	6~10	11~15	16~20	21~25	26~30	31~35	36~40	41~45	46~50
Ⅰ	43	38	44	42	29	40	43	35	41	45
Ⅱ	405	352	352	358	355	360	344	330	360	384
Ⅲ	1169	991	991	1000	992	990	1008	963	973	923

5.1.2　森林空间收获问题

规划模型以 50 年规划期内最大收获蓄积为目标函数，而约束条件则主要涉及森林经营措施的空间和非空间约束。非空间约束由最小收获年龄、收获次数、蓄积均衡收获以及期末存量等约束组成，而空间约束则主要由邻接约束和绿量约束组成。因此，本文所建立的森林空间收获安排模型可归纳为：

$$\text{Max } z = \sum_{t=1}^{T} \sum_{i=1}^{N} A_i V_{it} X_{it} \tag{5-2}$$

满足

$$\sum_{i=1}^{N} V_i A_i - H = 0 \tag{5-3}$$

$$\sum_{i=1}^{N} V_{it} A_i X_{it} - H_t = 0 \quad \forall t \in \{1, \cdots, T\} \tag{5-4}$$

$$\sum_{i=1}^{N} \hat{V}_i A_i X_{it} - \hat{H} = 0 \tag{5-5}$$

$$H_t - (1 + \alpha)H_{t-1} \leq 0 \quad \forall t \in \{2, \cdots, T\} \tag{5-6}$$

$$(1 - \alpha)H_{t-1} - H_t \leq 0 \quad \forall t \in \{2, \cdots, T\} \tag{5-7}$$

$$\hat{H} \geq (1 + \beta)H \tag{5-8}$$

$$X_{it} + \sum_{z=1}^{N_i} \sum_{m=1}^{T_m} X_{zm} \leq 1 \quad \forall i \in \{1, \cdots, N\} \tag{5-9}$$

$$\sum_{i=1}^{N} Age_{it} \geq Age^T \tag{5-10}$$

$$\sum_{t=1}^{T} X_{it} \leq 1 \quad \forall i \tag{5-11}$$

$$X_{it} \in \{0, 1\} \quad \forall i, t \tag{5-12}$$

式中：T 为规划分期数；N 为研究区域内小班数量；i 为任意小班；t 为任意规划分期；m 为第 t 规划分期的相邻分期，其中 $m \in \{T_m\}$；z 为小班 i 的任意邻接小班；k 为小班 i 的任意邻接小班；N_i 为小班 i 的所有相邻小班；S_i 为与小班 i 相邻的小班集合 N_i 相邻的其他所有小班，呈典型递推关系（Murray，1999）；A_i 为小班 i 的面积；V_i 为规划期初小班 i 的蓄积；V_{it} 为小班 i 在第 t 分期收获时的蓄积；H 为规划期初的总蓄积量；H_t 为第 t 分期的总收获蓄积量；$\hat{H}$ 为规划期末林分的总蓄积量；α 为规划分期 t 和 $t+1$ 的总收获蓄积量的允许波动范围，本研究中假设为 15%；β 为规划期末小班总蓄积量较规划期初的增加比例，本研究限制为 20%；X_{it} 为 0-1 型变量，即如果小班 i 在第 t 分期被安排采伐，则 $X_{it}=1$；否则，$X_{it}=0$；X_{zm} 为 0-1 型变量，即如果小班 z 在第 m 分期被安排采伐，则 $X_{zm}=1$；否则，$X_{zm}=0$；T_m 为规划模型中相邻小班的绿量约束，可看作限制相邻小班被同时采伐的时间缓冲窗口；若某小班被安排在第 t 分期进行采伐，则其绿量约束范围(T_m)应满足：$T_m \in \{m_1=t-2, m_2=t-1, m_3=t, m_4=t+1, m_5=t+2\}$，如果 $m_z<0$，则 $T_m=0$，且如果 $m_z>T$，则 $T_m=T$；U_{max} 为政策允许的最大连续收获面积，本研究中假设为 50 hm²，即最大可同时采伐 5 个相邻小班；Age_{it} 为小班 i 在第 t 分期的年龄；Age^T 为政策允许（或用户设定）的最小收获年龄，设定为 31 年。

上述方程中，式(5-2)定义了该规划问题的目标函数，即最大化木材收获；式(5-3)至式(5-5)分别用于计算规划期初林分总蓄积量(H)、各规划分期收获蓄积量(H_t)以及规划期末林分蓄积存量($\hat{H}$)；式(5-6)和式(5-7)要求相邻规划分期蓄积收获量波动应保持在一定范围内，本研究设定为 15%；式(5-8)确保规划期末林分蓄积存量满足约束条件；式(5-9)表示森林经营措施的单位限制模型，该约束严格禁止相邻小班在相同（或相近）规划分期内被同时采伐（Murray，1999），同时该公式还考虑了 2 个规划分期的绿量约束，即相邻小班被禁止采伐的周期范围应包括在 T_m 内，显然这样有利于避免形成大面积、连续皆伐迹地，从而引起生境破碎、水土流失等问题；式(5-10)要求所有的森林采伐均需满足最小收获年龄的约束；式(5-11)要求每个小班在整个规划分期内被采伐次数至多不超过一次；式(5-12)要求所有的决策变量必须为 0-1 型，即每个小班不允许被多种经营措施分割。

5.1.3 邻域搜索

在第一种搜索策略中，本研究采用标准模拟退火算法(即 1-邻域)技术来获得满意的目标解。每次优化仅通过改变 1 个小班的经营措施或者收获分期来产生新解。对于任意一个可行解，其邻域可行解的产生可通过以下 3 种方式实现，即：①如果小班 i 在其当前解中未被安排采伐，则可将其在新解中设置在第 t 分期进行采伐；②如果小班 i 在其当前解中被安排在第 t 分期进行采伐，则在新解中将其设置在第 p 分期进行采伐($p \neq t$)；③如果小班 i 在其当前解中被安排在第 t 分期进行采伐，则在新解中设置该小班为不被采伐。当上述过程执行完成后，算法首先评价其是否满足相应的约束条件，如果满足所有约束，则该新解为可行解；否则，为不可行解。一直重复上述过程，直至获得可行解为止。

第二种搜索策略采用 2-邻域技术，即通过同时、随机地改变 2 个小班的经营措施来产生新解，其类似于 Heinonen 和 Pukkala(2004)和 Caro 等(2003)的研究策略。但该方法与 Bettinger 等(2002)采用的 2-opt 技术存在两个明显的区别，即：①搜索过程中始终不使用 1-邻域技术；②新解的产生是通过随机改变的方式，而不采用交换的策略。在 Bettinger 等(2002)研究中，搜索过程首先使用 M 次的 1-邻域过程，然后再执行 N 次的 2-opt 过程，重复该交换过程直到搜索结束为止。因此，Bettinger 等(2002)采用的搜索技术可以被看作是多样化与强化技术的综合行为，而 Heinonen 和 Pukkala(2004)、Caro 等(2003)所采用的技术则属于典型的多样化策略。显然，后者在理论上能够产生更优的目标解。

采用 Bettinger 等(2002)提供的试错法来确定该规划问题的最优参数组合。经过一系列参数模拟后，最终确定的最优参数组合分别为：初始温度 = 10^6，最终温度 = 10，冷却速率 = 0.99 和每温度下重复次数 = 100，该参数集对应的迭代次数为 114600 次，即每次优化模拟可产生约 11.46 万个可行经营方案。此外，为了消除模拟退火算法随机因素的影响，本研究对各优化算法随机模拟 1000 次，以其统计值(如平均值、标准差等)作为评估各算法性能的主要依据。同时，采用 ANOVA 评估不同算法在求解森林规划问题中的差异显著性。根据上述模拟退火算法基本原理和规划问题，采用面向对象思想在 Microsoft Visual Basic 6.0 平台上编程实现，单次优化约 5min，整个优化过程共持续了约 500 h，即 21 d 左右。

5.2 结果与分析

5.2.1 目标函数值

当采用 2-邻域搜索技术时，各规划问题最小和最大目标函数值平均提高约 0.62% 和 1.95%，相当于每公顷林地可多采 0.82 m^3 和 3.03 m^3 木材（表 5-2）；而对各规划问题平均目标函数值而言，3 个林分呈现完全不同地变化趋势，其中林分Ⅰ平均目标函数值略有增加（0.17%），林分Ⅱ平均目标函数值略有减小（-0.26%），而林分Ⅲ平均目标函数值则显著减小（-2.87%）；各规划问题目标函数值变异系数显著减小约 11.44%，说明这些规划问题目标函数值的聚集度显著增加。T-检验表明除林分Ⅲ以外，模拟退火算法 2 种搜索技术所获得的目标函数值均无显著差异。综上所述，模拟退火算法邻域搜索技术求解效率可能与规划问题规模及其复杂程度有关。

表 5-2 模拟退火算法不同邻域搜索技术目标函数值统计特征

林分	方法	收获蓄积（10^6 m^3）					T-检验	
		最小值	最大值	平均值	标准差	变异系数（%）	T 值	P 值
Ⅰ	1-opt	0.5532	0.6222	0.5675	0.0134	2.3565	-1.73	0.08
	2-opt	0.5559	0.6373	0.5685	0.0126	2.2209		
Ⅱ	1-opt	4.74099	5.6831	4.9103	0.2178	4.4357	1.03	0.30
	2-opt	4.7657	5.7269	4.8974	0.1799	3.6739		
Ⅲ	1-opt	12.7823	15.4751	13.9459	1.0100	7.2420	6.55	0.00
	2-opt	12.8926	15.8850	13.5555	0.8699	6.4174		

5.2.2 各分期收获量

图 5-1 显示，无论采用哪种邻域搜索技术，各林分不同分期收获蓄积均存在一定波动，即整体随着规划分期呈先减小后增加趋势，但其均满足均衡收获约束[式（5-6）；图 5-1]。当采用 1-邻域搜索技术时，3 个规划问题最优解各分期平均蓄积收获量分别为 0.06×10^6 m^3、0.57×10^6 m^3 和 1.55×10^6 m^3，变异系数分别约为 20.54%、22.34% 和 19.52%；而当采用 2-邻域搜索技术时，最优解各分期平均蓄积收获量分别增加了约 2.43%、0.77% 和 2.65%，变异系数也分别增加了约 7.14%、0.15% 和 17.94%。鉴于本研究规划模型以整个规划周期内

最大化木材收获量为目标函数(式5-2),因此模拟结果仅能保证各规划问题中2-邻域最大目标函数值优于1-邻域,而不能保证2-邻域获得的最优森林经营方案中各分期的木材收获量同样大于1-邻域。根据式(5-7)可知,各林分规划期末蓄积存量应满足一定约束限制,即期末蓄积存量至少应维持在$0.41×10^6$ m^3、$3.62×10^6$ m^3和$9.78×10^6$ m^3以上,而优化结果显示各林分规划期末蓄积存量分别比预期目标增加了约0.17%、1.90%和7.67%(图5-2),说明规划结果符合期末蓄积存量约束。

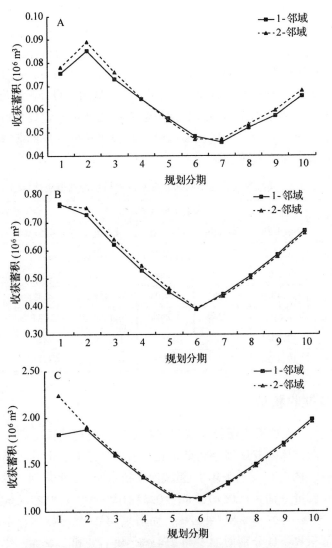

图5-1 模拟退火算法不同邻域搜索最优解各分期收获蓄积

注:A:林分Ⅰ;B:林分Ⅱ;C:林分Ⅲ。

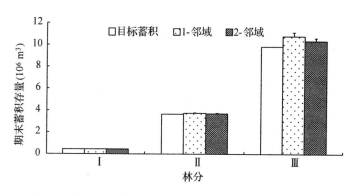

图 5-2　模拟退火算法不同邻域搜索最优解期末蓄积存量*

注：目标蓄积即为式(5-8)期末蓄积存量约束，其计算公式可表示为：$H×(1+β)$，其中 H 为规划期初整个林分的总蓄积量，$β$ 为期末总蓄积较期初的增加比例，此处设定为 20%，因此各林分目标蓄积分别为 $0.41×10^6\ m^3$、$3.62×10^6\ m^3$ 和 $9.78×10^6\ m^3$。

图 5-3 给出了模拟退火算法不同邻域搜索技术所获得的各规划问题中最优解对应的各分期采伐小班数量占总小班数的百分比，可以看出不同搜索技术、不同大小规划问题所获得的各分期采伐小班数量比例均无显著差异，但整体呈现出先减小后增加的趋势。各种规划情景均在第 1 分期采伐小班数量最多，平均约为 19.82%，而在第 6 分期采伐数量最少，平均仅为 5.67%，显然这种趋势是与各分期安排的收获蓄积量相对应的。以林分 I 为例，图 5-4 给出了 2 种邻域搜索所获得的最优森林经营方案时空分布，可以看出虽然不同邻域搜索最优解中各林分采伐分期不完全一致，但各分期所采伐的小班数量总量及其比例差异不显著。

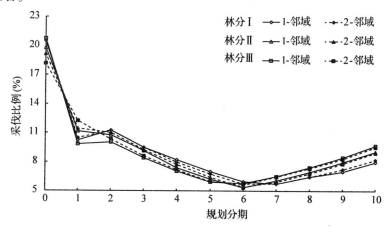

图 5-3　模拟退火算法不同邻域搜索最优解采伐小班的数量比例

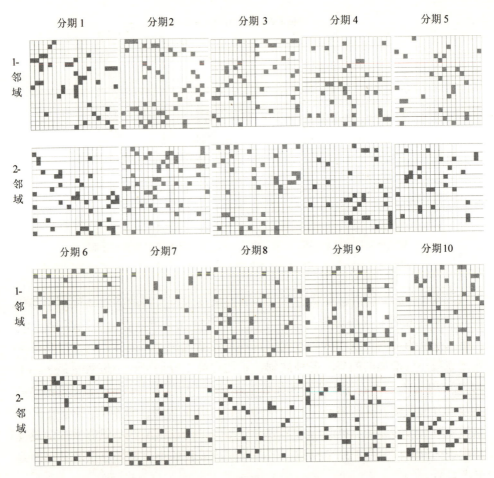

图 5-4 模拟退火算法不同邻域搜索最优森林采伐(灰色方块)方案的时空分布

5.2.3 优化时间

图 5-5 给出了各规划问题每次优化模拟过程中算法首次获得最大目标函数值所需的时间,可以看出各规划问题优化时间均存在较大变异,其中当采用 1-邻域搜索技术时,3 个林分所需平均时间分别为 35.12 s、86.27 s 和 380.84 s,变异系数分别高达 68.56%、190.50% 和 89.60%;而当采用 2-邻域搜索技术时,各林分所需平均时间分别为 76.14 s、166.43 s 和 271.25 s,其变异系数也分别达到 42.66%、269.97% 和 120.22%。此外,对于林分 I 和 II 而言,2-邻域搜索技术首次达到最大目标函数值所需的时间大约是 1-邻域搜索技术的 2 倍,但对林分 III 而言,2-邻域所需时间却显著减少,其仅为 1-邻域的 0.71 倍左右。

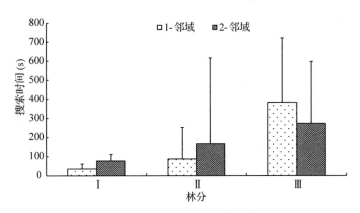

图 5-5 模拟退火算法不同邻域搜索策略的平均优化时间

5.3 讨论与结论

在有关森林经营规划不同算法性能的比较研究中,虽然各算法机理对其搜索性能起决定性作用,但其仍受不同学者所涉及的规划问题、模拟数据以及算法实施环境和技巧的影响。Heinonen 和 Pukkala(2004)采用效用函数理论将均衡蓄积收获、期末蓄积存量和森林经营措施空间分布共 3 个子目标整合到目标函数中,而不涉及任何形式的约束条件,因此他们的模型在理论上不存在非可行解的情况,这与本研究所建立的规划模型显著不同。本研究模拟结果表明:3个林分的最大目标函数值均呈显著增加趋势,同时目标函数值间的变异系数显著减小;但随着小班数量的不断增加,各规划问题的平均目标函数值则呈现出复杂的变化趋势,其中林分 I 的平均目标函数值略有增加(0.17%),而林分 II 和 III 的平均目标函数值则呈明显的下降趋势(0.26% 和 2.80%)。因此,可认为 2-邻域技术的搜索效率与规划问题的规模显著有关,这与 Bachmatiuk 等(2015)研究结果基本一致。而对于 Caro 等(2003)的研究,虽然其规划模型也涉及了复杂的收获均衡约束、邻接约束、绿量约束以及生境质量约束等,但其采用的禁忌搜索算法与模拟退火算法在搜索机理上却完全不同。概括来说,模拟退火算法采用概率接受机制来避免陷入局部最优,而禁忌搜索则采用禁忌周期来避免算法陷入局部最优(陈伯望等,2003)。因此,关于 2-邻域搜索策略在其他启发式算法中的应用仍有待进一步研究。

为了评估不同小班数量对邻域搜索技术在森林规划问题中应用效果的影响,本研究设计了 3 种不同规模的栅格数据集。在该类数据集中,每个小班均有相同且稳定的空间邻接关系,即该小班的上($n-N$)、下($n+N$)、左($n-1$)、右($n+$

1)各 1 个邻接小班,其中 n 为小班从左到右、从上到下的编号且不包括边界小班,N 为林分的列数,这显然与真实的林分空间关系不一致,如董灵波指出大兴安岭盘古林场每个小班的相邻小班数量高达 5.46±1.90 个(董灵波,2016)。但采用该类数据结构可有效忽略复杂林分空间关系对算法比较结果的潜在影响,从而有利于实施一个精确地控制实验,例如采用 T-检验、方差分析等比较不同算法目标函数值的差异显著性。因此,这类数据已经在算法比较研究中得到广泛使用(Bettinger et al.,2002;Dong et al.,2015;Boston & Bettinger,1999),但针对真实林分数据的比较研究仍具有重要意义。

根据我国当前森林经营政策约束,抚育将成为我国今后森林经营的重要途径,但现阶段还缺乏科学合理的定量抚育技术以及能够精确反映不同抚育方式和强度对林分生长过程的预测模型,因此现阶段将抚育措施作为一种决策变量加入规划模型中还面临着较大困难。为此,本研究对具体地森林经营过程进行了适当简化,即仅以皆伐措施为决策变量建立了适用于人工商品林生产基地的森林空间收获安排模型。因此,待上述技术发展成熟后,可逐渐开展基于抚育措施的森林经营规划研究。

第6章
模拟退火算法逆转搜索技术评价

森林经营规划模型本质上是一种特殊的数学模型，一般包括建立目标函数、确定规划问题数学表达式、设置约束条件以及优化求解等过程(Bettinger et al.，2009)。早期，经营规划常以最大化木材生产或经济收益为目标函数，以木材均衡收获、法正龄级分配等为主要约束，模型形式和约束条件相对简单，因此可采用传统的数学优化技术求解，如线性规划、目标规划、动态规划以及非线性规划等(宋铁英和郑跃军，1989；周国模，1989；黄家荣和杨世逸，1993)。近些年来，随着全球气候及人类自身生存环境的持续变化，人们更强调从森林生态系统中获得除木材以外的其他服务和功能，如水源涵养、净化空气等。由于不同林分间存在着显著的交互作用(王国华等，2012)，人为采伐某个小班则势必会对其邻接小班产生影响(Bettinger et al.，2009)，因此如何在区域尺度上合理地优化森林经营措施的时空布局是当前森林经营领域的研究热点和难点。与传统经营规划模型相比，森林空间经营规划模型的复杂程度会显著增加，呈现出典型的非线性、非连续性以及非凸性等特征(Bettinger et al.，2009)，这些因素严重制约了传统数学优化技术的处理能力及应用范围，因此研究更为有效的优化算法是当前森林经营规划研究中亟待解决的问题。

当前，林业领域中最常用的启发式算法包括：模拟退火算法、门槛接受算法、禁忌搜索算法以及遗传搜索算法等(Boston & Bettinger，1999；Pukkala & Kurttila，2005)，但这些启发式算法均普遍存在一个不容忽视的问题，即其仅能保证获得规划问题的满意解，而非最优解(Bettinger et al.，2009)。因此，针对启发式算法的这一弊端，研究更为有效的优化和提升技术逐渐受到林业工作者的重视。近期，Bettinger等(2015)率先提出了逆转搜索(Reversion Search，RS)的思想，其通过不断地以高质量初始解重新初始化整个搜索过程来提高启发式算法的整体搜索性能。他们的研究表明：对最小化问题，通过在不同邻域搜索(1-邻域、2-邻域和3-邻域)间进行逆转操作能够显著降低门槛接受算法、禁忌搜索算法和雨滴算法的目标函数值；Dong 等（2016）以模拟退火算法为例进行的相关研究，也进一步证实逆转搜索能显著提升规划问题目标解的质量。综上所述，虽然逆转搜索能够显著提高启发式算法的求解性能，但如何将其应用于大规模、长周期、高度复杂的森林经营决策研究中还鲜有报道。

模拟退火算法是林业领域中应用最广泛、稳定性最高的启发式算法之一，因此研究该算法搜索性能的优化提升技术无疑对提升其他启发式算法的搜索性能以及我国森林经营方案的编制水平均具有重要意义。为此，本书以模拟退火算法为例，以启发式算法中常用的邻域搜索技术为基础构建逆转搜索过程，并将其应用于大兴安岭塔河林业局盘古林场的森林经营规划实践，最后采用统计学方法定量评价不同交互次数、不同搜索方案所获得的目标函数值、优化时间以及最优经营方案的差异，以期为提高我国森林经营方案的编制水平提供技术支持。

6.1 材料与方法

6.1.1 经营措施

国内外学者普遍认为大约20%的抚育强度能够显著提升林分的结构和功能（段劼等，2010；明安刚等，2013；陈百灵等，2015；尤文忠等，2015）。因此，本研究在尽量减少和避免森林抚育对生态系统产生负面干扰的前提下，以林分龄组为依据开展相关研究，即对幼龄林严格禁止任何采伐活动；对中龄林和近熟林，则允许施行3种不同强度（即轻度抚育、中度抚育和重度抚育）的抚育作业方式，以充分改善林分结构和提升森林功能质量；而对成熟林和过熟林，则允许采取小面积皆伐措施，以适度增加林区经济收入、缓解林区财政贫困。各项经营措施适用范围根据林分年龄而异，具体取值根据《国家森林资源连续清查技术规定（2014）》中各林型龄级划分标准综合确定，具体描述和约束如表6-1所示。

表 6-1 规划模型中潜在的森林作业方式

编号	作业活动	年龄约束（年）		特征描述
		阔叶林[a]	针叶林[b]	
0	无	<20	<40	当林分年龄小于相关约束时，禁止任何经营活动
1	轻度抚育[c]	21~40	41~80	当林分年龄介于该范围内，允许进行不采伐或各种强度的抚育作业
2	中度抚育[d]			
3	重度抚育[e]			

(续)

编号	作业活动	年龄约束(年)		特征描述
		阔叶林[a]	针叶林[b]	
4	皆伐	>40	>80	当林分年龄大于该约束时,允许进行不采伐、各种强度的抚育作业以及皆伐活动

注：a 包括 NBP 和 MBF 林分；b 包括 NLG、CF 和 CBF 林分；c 指 10% 的蓄积抚育强度；d 指 20% 的抚育强度；e 指 30% 的抚育强度。

6.1.2 空间规划模型

本研究所建立的森林空间收获安排模型以 10 年规划周期(分期为 1 年)内的木材均衡收获为目标函数。目标函数受空间和非空间约束的双重制约,其中非空间约束主要涉及规划周期内单个林分经营次数和最小采伐年龄,而空间约束条件则主要包括经营措施的邻接约束和绿量约束。此外,为了有效控制人为作业活动对森林生态系统结构和功能的潜在影响,本研究采用面积限制模型(Area Restriction Model,ARM)约束抚育作业措施的时空分布,而采用单位限制模型(Unit Restriction Model,URM)约束皆伐作业的时空分布(Murray,1999)。因此,整个规划问题所对应的数学表达式可汇总如下：

$$\text{Min } Q = \sum_{t=1}^{T} (target\_volume - H_t)^2 \tag{6-1}$$

满足

$$x_{ipt} \in \{0, 1, 2, 3\} \tag{6-2}$$

$$\sum_{i=1}^{I} \sum_{p=0}^{P} x_{ipt} v_{ipt} = H_t \quad \forall t \tag{6-3}$$

$$\sum_{t=1}^{T} \sum_{p=0}^{P} x_{ipt} \leq 1 \quad \forall i \tag{6-4}$$

$$x_{ipt} + \sum_{z=1}^{U_i} \sum_{t=1}^{T_m} x_{zpt} \leq 1 \quad \forall i, p = 4 \tag{6-5}$$

$$x_{ipt} a_i + \sum_{k \in U_i \cup S_i} \sum_{t=1}^{T_m} x_{kpt} a_k \leq U_{\max} \quad \forall i, p \in \{1, 2, 3\} \tag{6-6}$$

$$\left[\sum_{f=1}^{F} (x_{fpt} a_f + \sum_{k \in U_f \cup S_f} \sum_{t=1}^{T_m} x_{kpt} a_z) \right] / F \leq U_{ave} \tag{6-7}$$

式中：Q 为目标函数值,根据式 6-1 定义可知目标函数的基本单位为 $(m^3)^2$；$target\_volume$ 为森林经营决策者预期的各分期蓄积收获量,本研究根据该林场近年采伐限额情况假设为 50000 $m^3 \cdot a^{-1}$；H_t 森林经营方案安排的各分期真实收获蓄积；T 为规划分期数；t 为规划分期长度（1 年）；I 为林分数量；i 指某个林分；P 为所有经营措施的数量；p 指单个潜在的经营措施；x_{ipt}、x_{kpt} 和 x_{fpt} 均为整数型决策变量（即 $x_{ipt} \in \{0, 1, 2, 3 \text{ 和 } 4\}$），表示林分 i（或 k 和 f）在第 t 分期采用第 p 种经营措施；v_{ipt} 指当林分 i 在第 t 规划分期采用第 p 种经营措施时的收获蓄积；z 代表与林分 i 相邻的某个林分，本研究采用强邻接关系定义，即林分 i 与林分 z 具有公共边界；k 为林分 i 的邻接林分（U_i）或其邻接林分的邻接林分（S_i）中的某个林分，呈迭代函数形式；U_i 代表与林分 i 相邻的所有林分的集合；S_i 代表与林分 U_i 的所有邻接林分，即 $U_i \in S_i$；T_m 为与规划分期 t 相邻的所有分期集合，以实现林分的连续覆盖；对于 3 年的绿量约束，T_m 应包含如下分期：$m_1 = t-3$，$m_2 = t-2$，$m_3 = t-1$，$m_4 = t$，$m_5 = t+1$，$m_6 = t+2$ 和 $m_7 = t+3$，其中 $m_z \geq 0$ 且 $m_z \leq T$；m 为与分期 t 相邻的某个规划分期，即 $m \in T_m$；x_{zpt} 为一个整数决策变量，表明林分 z 在第 t 分期采用第 p 种经营措施；a_i、a_z 和 a_f 分别为林分 i、z 和 f 的面积；U_{max} 为允许的最大连续作业面积；F 为采伐斑块的数量；U_{ave} 为最大平均连续采伐面积。鉴于我国目前对森林经营措施时空分布的面积约束还不健全，本研究统一采用美国造纸与林业协会制定的可持续林业标准，即设定 U_{max} 为 90 hm²，而设定 U_{ave} 为 30 hm²（Sustainable Forestry Initiative，2015）。

上述公式中，式 6-1 为规划问题的目标函数，其表示规划周期内各分期实际采伐蓄积与目标蓄积间差值的累计平方和，该值在满足所有约束条件的基础上越小越好；式 6-2 表示 x_{ipt} 为整数型决策变量，即林分 i 在整个规划周期内不允许被两种（或多种）经营方式分割；式 6-3 用于计算第 t 分期的实际蓄积采伐量；式 6-4 为经营次数约束，即整个规划周期内林分 i 最多允许进行 1 次采伐作业；式 6-5~6-7 是邻接约束和绿量约束的具体表现形式；其中，式 6-5 主要用于限制皆伐作业活动（即 $p = 4$），其能够有效避免形成大面积的皆伐迹地，这可理解为：若林分 i 在第 t 分期采用了皆伐作业，则其相邻林分 z（$z \in S_i$）在 T_m 范围内将不被允许再次采用皆伐作业；式 6-6 主要用于限制抚育作业活动（即 $p = 1$，2 和 3），即禁止在相似分期（即 T_m 范围）内采用同一种抚育方式开展大面积连续作业；式 6-7 为最大平均连续作业面积约束（Boston et al., 1999），其作用是限制整个森林经营方案中所有连续采伐斑块的平均大小，是美国森林生态系统经营和可持续林业标准 SFI 中关于森林经营措施时空分布的重要约束之一。

规划问题优化求解过程中，各林分正常生长及其对不同经营措施的响应均采用王鹤智（2012）所建立的东北林区主要林型生长与收获模拟系统进行预测，其主要包括地位级指数模型、林分密度模型、断面积模型以及蓄积模型等，这些模型均是基于大量固定样地调查数据，并在相关理论模型或经验方程基础上拟合而来。独立样本检验结果表明各模型预估精度较高、适用性较强，各模型具体形式及其参数估计值详参见王鹤智(2012),此处不再赘述。本研究中,各小班动态生长与收获过程均按不同林型进行模拟。

6.1.3 逆转搜索

逆转搜索通常涉及两种或多种搜索技术之间的协同应用,这样更有利于充分利用不同算法的优点,从而提高启发式算法的搜索性能(Bettinger et al.,2015)。经前期评估,本研究采用启发式算法中常用的1-邻域和2-邻域技术作为构建逆转搜索过程的基础。根据Caro等(2003)定义,1-邻域搜索是指算法在迭代过程中每次仅改变1个林分的经营措施,此为标准的模拟退火算法;而2-邻域则是通过同时改变2个林分的经营措施来产生新解。以此类推,理论上还可通过同时改变λ个林分的经营措施,来产生λ-邻域搜索,但随着λ值的持续增大,算法用于评估新解可行性所需的时间会呈显著的非线性增长趋势。因此,本研究中逆转搜索的整个流程如下:

(1)给定初始模拟退火算法初始参数:初始温度(T_{max})、最终温度(T_{min})、冷却速率(q)以及每温度下重复次数(L),计算单次优化过程中算法的总迭代次数 $Num \approx L\ln(\frac{T_{min}}{q \cdot T_{max}})$;

(2)给定单次优化过程中两种邻域搜索的交互次数N,并计算发生交互的节点 $n_i = i \cdot \frac{Num}{N}$;

(3)重复以下过程N次:

a)执行1-邻域搜索 Num/N 次,并实时记录算法获得的最优解 S^*;

b)当迭代次数 $count$ 达到 n_i 时,用当前最优解 S^* 替代当前解 S(即 $S=S^*$),实现第 i 次逆转过程;

c)继续执行2-邻域搜索 Num/N 次,并实时记录算法获得的最优解 S^*;

d)当迭代次数 $count$ 达到 n_{i+1} 时,用当前最优解 S^* 替代当前解 S(即 $S=S^*$),实现第 $i+1$ 次逆转过程;

(4)搜索结束,输出最优解 S^*。

根据预实验将初始温度、终止温度、冷却速率和每温度下重复次数分别设置为10^4、10、0.998和200,这套参数对应的单次模拟共可进行690200次有效迭代,即产生了690200个可行的经营方案。为了避免不同参数取值对规划结果的影响,本研究中测试的3种搜索策略均使用该套参数体系。此外,1-邻域与2-邻域间的交互次数N也是逆转搜索的关键参数,为此本文分别模拟2次、4次、6次、8次和10次交互对逆转搜索结果的影响。由于模拟退火算法具有一定的随机性，因此文中不同搜索方案均在个人笔记本电脑上重复模拟30次，以各搜索目标函数值的平均值和标准差为基础，评估不同搜索方案的差异性。

6.2 结果与分析

6.2.1 不同搜索方案性能评价

对最小化森林经营规划问题而言，最小和平均目标函数值是评价不同算法优化性能的重要参数。为此，本文将以这两个参数为基准，系统评估3种不同搜索方案的优化性能。统计结果表明（表6-2），当采用1-邻域搜索时，规划问题最优解对应的目标函数值为410.10$(m^3)^2$，其相当于各分期平均收获蓄积偏差为6.40 $m^3 \cdot a^{-1}$；当采用2-邻域时，最优解对应的目标函数值显著减小到82.50$(m^3)^2$，平均收获蓄积偏差为2.87 $m^3 \cdot a^{-1}$；当采用逆转搜索时，各规划模拟最优解对应的目标函数值随交互次数N的增加无明显变化，但当交互次数为4次时，规划问题最优解对应的目标函数值仅为13.10$(m^3)^2$，平均收获蓄积偏差也仅为1.14 $m^3 \cdot a^{-1}$。显然，对于大面积、长周期的森林经营规划来说，这种偏差可忽略不计。

对各规划问题目标函数的平均值来说（表6-2），当采用1-邻域搜索时，30次随机模拟目标解的平均值为34620.59$(m^3)^2$，平均收获蓄积偏差为58.84 $m^3 \cdot a^{-1}$；当采用2-邻域搜索时，平均收获蓄积偏差降为51.65 $m^3 \cdot a^{-1}$；而对逆转搜索而言，当采用4次交互时，规划问题的平均目标函数值最小[1278.19$(m^3)^2$]，平均收获蓄积偏差也仅为11.35 $m^3 \cdot a^{-1}$。此外，各规划问题标准差和最大目标函数值（即最差经营方案）也呈现出相似的变化趋势。综上所述，对模拟退火算法逆转搜索而言，交互次数N对规划结果无显著影响，但其搜索性能仍显著优于传统的1-邻域和2-邻域。

表6-2 各种搜索策略目标函数值的统计特征[$(m^3)^2$]

变量	1-邻域	2-邻域	逆转搜索（交互次数）				
			2	4	6	8	10
平均值	34620.59	26674.15	3576.05	1287.19	1336.84	3286.05	1315.03
标准差	28586.35	21493.93	5269.39	1602.56	2032.52	3362.91	1581.72
最小值	410.10	82.50	91.60	13.10	93.40	86.80	88.50
最大值	113712.00	78059.70	17434.60	6568.30	7889.10	12170.00	5867.50

表6-3给出了不同搜索策略每次优化过程中算法首次获得最大目标函数值的时间。可以看出,当采用1-邻域搜索时,算法平均优化时间约为46.43 s,而当采用2-邻域搜索时,算法平均优化时间显著增加,达121.97 s;对逆转搜索而言,因算法优化过程中需要时刻判断迭代次数是否达到逆转临界点,因此无论采用几次交互过程,算法平均优化时间均显著增加(206.71 s)。对各搜索策略优化时间的变异系数而言,当采用1-邻域搜索时,算法优化时间变异系数为102.50%,当采用2-邻域搜索时,优化时间变异系数增加到138.93%,而当采用逆转搜索时,不同交互次数对优化时间变异系数的影响不显著,平均约为48.74%,说明逆转搜索虽然增加了模拟退火算法的平均优化时间,但其搜索稳定性更强。

表6-3 各种搜索策略优化求解时间的统计特征(s)

变量	1-邻域	2-邻域	逆转搜索(交互次数)				
			2	4	6	8	10
平均值	46.43	121.97	201.90	209.80	225.50	183.07	213.27
标准差	47.59	169.45	112.06	87.84	97.20	106.23	96.41
最小值	3.00	7.00	26.00	73.00	14.00	58.00	92.00
最大值	184.00	577.00	320.00	304.00	356.00	375.00	333.00

6.2.2 不同搜索方案迭代过程

在给定初始温度、终止温度、冷却速率和每温度下重复次数后,单次优化过程共迭代了约$6.90×10^5$次(图6-1)。因不同算法优化机理不同,算法的迭代过程也存在显著差异,其中1-邻域搜索目标函数的初始值约为$1.89×10^9(m^3)^2$,此后随着迭代次数的增加呈缓慢下降趋势,最终大约在$3.62×10^5$次迭代时获得满意解$[410.10(m^3)^2]$;2-邻域搜索目标函数的初始值约为$1.21×10^9(m^3)^2$,此后随着迭代次数的增加先在$0.74×10^5$次迭代时达到相对稳定状态$[4.8×10^9(m^3)^2]$,再之后则随着迭代次数的持续增加呈快速下降趋势,最终约在$5.02×10^5$次迭代时达到最优状态$[82.50(m^3)^2]$;逆转搜索的整个迭代过程与1-邻域类似,其约在$4.5×10^5$次迭代时达到最优状态$[13.10(m^3)^2]$。综上所述,因2-邻域搜索始终同时改变两个林分的经营措施,对整个森林经营方案的扰动也更大,因此1-邻域和逆转搜索的整个迭代过程较2-邻域更为稳健,但逆转搜索的性能明显更优。

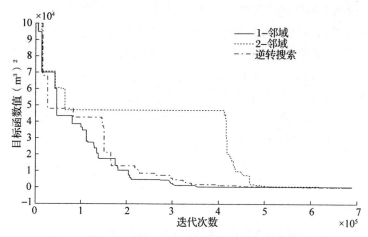

图 6-1 模拟退火算法 3 种不同搜索策略最优解迭代过程

6.2.3 不同搜索方案的最优解

模拟退火算法 3 种不同邻域搜索方案最优解中各分期蓄积收获量如图 6-2 所示。可以看出，3 种搜索方案获得的最优解规划期内总蓄积收获量均接近预期目标（5.00×10^5 m^3）；不同采伐方式蓄积收获量所占比例均表现为皆伐（31.89%~36.23%）>重度抚育（28.88%~32.80%）>中度抚育（18.26%~20.27%）>轻度抚育（11.15%~23.92%）；各种作业方式总采伐面积约占林场总面积的 11.96%，其中轻度抚育所占比例最高（4.15%），而皆伐所占比例最低（1.02%）；各分期采伐面积整体较为平稳，平均约为总面积的 1.19%（波动范围为 0.82%~1.61%）；对于 1-邻域和 2-邻域搜索，中度抚育作业的蓄积收获量在各分期间的变化最为剧烈，平均变异系数高达 32.41%，而重度抚育作业的蓄积收获量最为平稳，平均变异系数仅为 15.47%；对于逆转搜索而言，各种作业方式蓄积收获量在不同分期间的变化则随着采伐强度的增加而增加，从轻度抚育的 14.23% 增加到皆伐的 39.39%，但各分期蓄积收获量总量仍满足均衡收获目标。本研究中最优森林经营方案[即目标函数值为 13.10(m^3)^2]的时空分布如图 6-3 所示，可以看出规划结果满足森林经营措施的空间约束，特别是皆伐措施的效果最为明显。

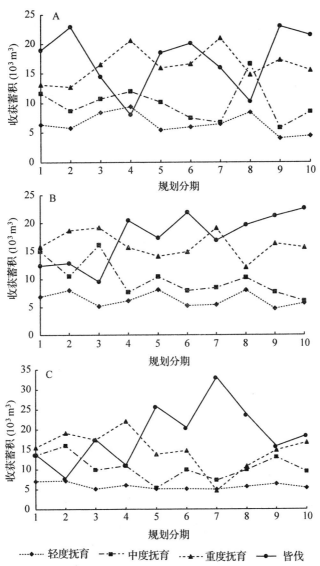

图 6-2 各种搜索策略最优解中各分期收获蓄积分布

注：A：1-邻域；B：2-邻域；C：逆转搜索。

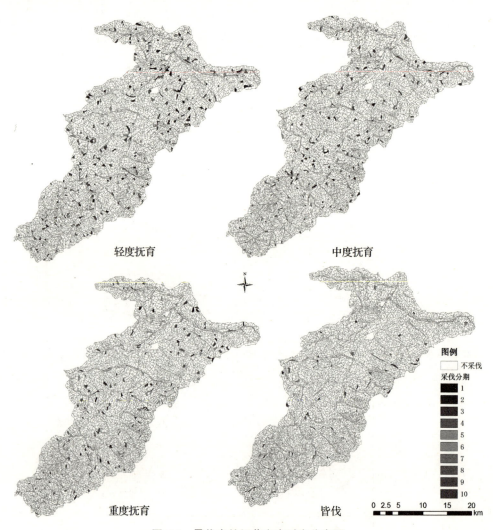

图 6-3 最优森林经营方案时空分布图

6.3 讨论与结论

6.3.1 讨 论

在采用逆转搜索过程中，不同搜索策略间的交互次数可能会对规划结果产生显著影响，如 Bettinger 等（2015）在研究 3 种常用启发式算法的逆转搜索时表明：雨滴算法自身的最优逆转次数为 6 次，门槛接受算法自身（即 1-邻域）、1-

邻域和2-邻域以及1-邻域、2-邻域和3-邻域间的最优交互次数均为3次,而禁忌搜索算法自身、1-邻域和2-邻域以及1-邻域、2-邻域和3-邻域间的最优交互次数则均为9次,显然这可能与不同算法的运行机制有关,但也可能受规划问题复杂程度、林分数量(决定了解空间的大小)以及研究者程序设计水平等因素的影响。此外,在本文和Bettinger等(2015)研究中,不同搜索策略间的交互均采用固定点方式,而未充分考虑不同算法的搜索格局。Li等(2010)在充分研究多种启发式算法搜索格局的基础上,认为各种算法的搜索过程根据目标函数值(最大化问题)的变化大致可分为3个阶段,即爬升阶段、调整阶段和平稳阶段。因此,在今后研究中若能充分利用这种规律来组织和实施不同算法的交互过程,无疑对提高启发式算法的搜索性能具有重要借鉴意义。但由于启发式算法新解的产生多采用随机机制,因此这3个阶段具体的划分标准仍有待进一步研究。

空间约束是现代森林经营规划研究中的重要内容。本研究中涉及3种不同的空间约束:抚育措施采用面积限制模型,其中最大连续采伐面积和最大平均连续采伐面积分别为90 hm^{2}和30 hm^2,而皆伐措施采用单位限制模型。此外,在这两种模型中,相邻林分的采伐还均需满足3年的绿量约束。现阶段,这些参数的设置均提取自国外同行的相关研究中(Murray, 1999; Bettinger et al., 2015; Sustainable Forestry Initiative, 2015),与我国东北地区的实际情况并不完全匹配。显然,这些参数的取值会依据不同地区气候特征、林分特征、干扰特征以及经济发展水平等因素而异(Boston & Bettinger, 2006),如瑞典高山地区允许的最大皆伐面积为20 hm^2、绿量约束周期为15年;美国弗吉尼亚州则规定同一年内最大连续采伐面积为40 hm^2、5年绿量约束期内最大连续采伐面积为120 hm^2;而英国要求的绿量约束期则为皆伐迹地林分生长至2m高度的年限。因此,在后续研究中可针对我国东北林区实际情况逐渐开展:①从经济、生态等角度合理地确定森林采伐措施时空分布的约束参数;②系统评估不同时空约束参数取值对经营规划结果的影响,以期为确定符合我国实际的参数取值提供理论依据。

对本研究规划问题而言,最优森林经营方案显示:一个完整森林经理周期(10年)内预计可收获木材约$5.00×10^5$ m^3,其中抚育出材量$3.12×10^5$ m^3(62.40%),抚育林分面积约占林场总面积10.94%,皆伐出材量$1.88×10^5$ m^3(37.60%),皆伐林分面积约占林场总面积1.02%。据此可推算,若需将林场范围内森林全部皆伐一个轮回,需要将近1000年,而若需将林场范围内森林全部采伐一个轮回,则大约需要88年。现有研究表明,择伐(蓄积强度约为30%)后林分经过30~50年后森林生态系统碳密度和净初级生产力(NPP)即可恢复到伐前水平(刘琦等，2013；Powers et al.，2011)，而抚育作为一种积极的人为干扰方式会极大程度改善林分结构、促进林分生长和演替，因此可进一步推测研究区域内林分经过不同抚育强度作业后能够在相对较短的时间内达到甚至超过当前状态。根据《国家森林资源连续清查技术规定(2014)》中各林型龄级划分标准可知，天然落叶松成过熟林的年龄范围分别为101~140年和大于141年，因此即便完全采用天然更新方式，皆伐迹地的森林也能恢复到可观状态。因此，本研究所制定的森林经营方案完全能够满足森林可持续经营的目标。但需要特别强调的是，这些推论可能与文中给定的具体参数有关，其具体影响仍有待于进一步研究。

6.3.2 结 论

本研究以大兴安岭地区塔河林业局盘古林场的森林空间经营规划问题为例，以启发式算法中的1-邻域和2-邻域搜索技术为基础构建了模拟退火算法的逆转搜索过程，并采用统计学方法比较了不同搜索方案所获得的目标函数值、优化时间以及最优经营方案的差异。研究发现，对于本研究所涉及的最小化规划问题而言，逆转搜索中不同邻域搜索间的交互次数对规划结果无显著影响，但其获得规划问题的平均目标函数值均显著低于传统的模拟退火算法1-邻域($P<0.01$)和2邻域($P<0.01$)结果，而算法优化时间仅分别比1-邻域和2-邻域增加了约5倍和2倍，表明该搜索技术具有显著的优越性能和广泛的应用前景。

逆转搜索获得的最优森林经营方案表明规划期内可收获木材约$5.00×10^5$ m^3，其中抚育出材量$3.12×10^5$ m^3(62.40%)，抚育林分面积约占林场总面积10.94%，皆伐出材量$1.88×10^5$ m^3(37.60%)，皆伐林分面积约占林场总面积1.02%，说明本研究所建立的空间经营规划模型能够实现森林可持续经营目标。但当前规划模型中存在着林分生长模型不够精确、相关空间和非空间约束参数取值不够合理等问题，这可能限制该经营规划模型在森林经营实践中的应用。因此，在今后的研究中应充分结合研究区域林分特征开展更精确、更科学的经营规划研究。

第三篇

碳汇木材复合经营决策

第7章
空间约束对森林经营规划的影响

森林经营规划研究在我国已有较长历史,但归纳起来主要集中在以下几个方面:①在造林规划方面,吴承桢和洪伟(2000)、胡欣欣和王李进(2011)等先后采用多种启发式算法研究了多约束条件下的造林规划,但其未考虑不同造林树种的空间配置问题;②在林分结构优化方面,汤孟平等(2004)、曹旭鹏等(2013)采用启发式算法研究了林分层次的空间结构优化模型;③在森林采伐收获方面,周国模(1989)、宋铁英和郑跃军(1989)、王才旺(1991)、黄家荣和杨世逸(1993)分别于20世纪80—90年代采用传统的数学优化技术(如线性优化、目标规划等)研究了森林的木材生产规划模型,在他们的研究中通常以最大化木材生产或经济收益为目标函数,而约束条件则主要涉及法正龄级分配、木材产量均衡、采伐量小于生长量以及非负约束等,但其并未考虑森林经营措施时空分布可能对森林生态系统造成的其他潜在影响(如景观破碎)。现阶段,在我国关于森林空间收获安排的研究鲜有报道,仅陈伯望等(2006,2008)以德国北部挪威云杉(*Picea abies*)林为例,探讨了聚集采伐对森林可持续经营的影响,但其经营林分数量仅为41个,这与我国多数地区的森林经营实际情况严重不符。

收获邻接和绿量约束是森林经营规划研究中最常用的空间约束形式(Zhu & Bettinger, 2008)。根据Murray(1999)定义,收获邻接约束可分为两类:单位限制模型(Unit Restricted Model, URM)和面积限制模型(Area Restricted Model, ARM)。URM模型严格禁止相邻林分在相同(或相近)规划分期内被同时采伐,而ARM模型则要求在不违背最大面积约束的情况下,允许采伐一定面积的相邻林分。绿量约束则可被理解为相邻林分的一个时间缓冲窗口(即相近分期),以保证每个林分的相邻林分均有植被覆盖。因此,绿量约束也经常与URM和ARM约束共同使用,从而使规划结果更能满足森林经营实践的需求(Zhu & Bettinger, 2008; Boston & Bettinger, 1999)。现阶段,已有多个国家、地区和森林认证组织对营林措施的时空分布做出明确要求,如美国可持续林业协作组织

(Sustainable Forestry Initiative,SFI)要求其参加组织的最大连续皆伐面积必须小于 48 hm²，同时相邻林分的树高必须要大于 1.2 m 才被允许进行皆伐活动(Sustainable Forestry Initiative,2015)；而在瑞典亚高山地区，最大连续皆伐面积被限制在 20 hm² 以下，同时相邻林分在 15 年内不允许被安排皆伐活动(Dahlin & Sallnas,1993)。诚然，将这类约束加入森林规划模型中时无疑会显著增加规划模型的复杂程度，但规划结果可能会更满足森林可持续经营的需求。

为此，本书以大兴安岭地区塔河林业局盘古林场为例，以模拟退火算法作为优化求解技术，以 3 种不同复杂程度的森林规划模型为例，评估不同空间约束形式对森林规划结果的影响，进而为我国森林资源的可持续经营提供理论依据和技术支撑。文中所建立的 3 种规划模型均以 30 年规划周期内的最大木材净收益为目标函数，其中非空间模型中的目标函数和约束条件均不包含任何形式的空间信息，而 URM 和 ARM 模型则在非空间模型的基础上还分别包含了森林采伐措施的 URM 约束和 ARM 约束。同时，为了尽可能逼真地模拟森林经营的具体过程，3 种规划模型均涉及了收获均衡、最小收获年龄以及收获次数等约束条件。

7.1 材料与方法

7.1.1 森林规划模型

为了评估不同空间约束形式对森林空间安排收获的影响，本研究建立了 3 种不同复杂程度的森林规划模型，即非空间、URM 和 ARM 模型，其中在空间规划模型中将具有一定公共边界的两个林分定义为相邻林分。3 种规划模型均以 30 年规划期(分期为 1 年)内的最大经济收益为目标，其中非空间模型中的目标函数和约束条件均不包含任何形式的空间约束；与非空间模型类似，URM 模型中除了满足基本的非空间约束外，森林采伐措施的时空分布还应满足 URM 约束，即在相同规划分期内相邻林分不允许被同时采伐(Murray,1999)；ARM 模型同样与非空间模型类似，但森林经营措施的时空分布应满足 ARM 约束，即在相同规划分期内相邻林分的最大连续收获面积不允许超过森林经营决策人员规定的最大约束面积(Murray,1999)。此外，对 URM 和 ARM 模型，规划问题还考虑了相邻林分不同森林经营措施间的绿量约束。理论上，任何采伐措施均可加入经营规划模型中，但由于现阶段还缺乏对不同经营措施敏感的林分生长模型，因此在这 3 类规划问题中本研究仅考虑两种相对简单的森林经营活动：皆伐和不采伐，因而所有的经营决策变量均为 0-1 型变量。同时，为了尽可能逼真的模拟我国森林采伐限额制度的约束,各规划分期均设定固定的木材收获量。由于销售市场中的木材价格往往因树种、材种及规格的不同而不同,是一个极为复杂的经济现象。因此,本研究对该问题进行适当简化,即以黑龙江省林业厅原木指导价格为基准开展相关研究,假设天然落叶松林价格为1050元·m^{-3},天然白桦林为1000元·m^{-3},针叶混交林为1090元·m^{-3},阔叶混交林为1170元·m^{-3},针阔混交林为870元·m^{-3},所有木材销售价格的贴现率均按3%计算。为了尽可能实现木材的均衡收获,对于偏离各分期收获目标的蓄积量施以1300元·m^{-3}的惩罚值,而针对惩罚值的贴现率则设为5%。

7.1.1.1 非空间规划模型

非空间规划模型通常以生产一定数量的资源或经济效益为目标函数,这类模型往往不需要详细的空间信息(周国模,1989;宋铁英和郑跃军,1989;Bettinger et al.,2002)。因此,本书以研究区域30年规划周期内的最大化木材净收益为目标函数,其用数学公式可表示为:

$$\text{Max} \sum_{i=1}^{I} \sum_{t=1}^{T} (Rev_{it} - Lc_{it}) V_{it} A_i X_{it} - (\alpha \sum_{t=1}^{T} dl_t) - (\alpha \sum_{t=1}^{T} du_t) \quad (7-1)$$

式中:I 为林分数量;i 为某一收获单位;T 为规划分期数量;t 为某一规划分期;Rev_{it} 为经营单位 i 在第 t 分期收获时的净现值;Lc_{it} 为经营单位 i 在第 t 分期采伐时每立方米蓄积的收获成本;A_i 为管理单位 i 的面积;V_{it} 为管理单位 i 在第 t 分期时的每公顷收获蓄积;X_{it} 为 0-1 型决策变量,当林分 i 在第 t 分期被安排收获时,$X_{it}=1$;反之,则 $X_{it}=0$;du_t 为第 t 规划分期收获蓄积与目标蓄积相比的正偏离量;dl_t 为第 t 规划分期收获蓄积与目标蓄积相比的负偏离量;α 为当收获蓄积偏离于目标蓄积时的惩罚值(即 5%)。

非空间规划问题中还涉及 3 种非空间约束,即木材均衡约束、收获次数约束和最小收获年龄约束。因为均衡的木材收获约束不仅能够保证各分期获得稳定的经济收益,同时也有利于高效地利用采伐设备和合理安排工作人员,因此在森林经营规划研究中备受重视。本研究采用固定收获水平的约束形式,可用数学公式表示为(Boston & Bettinger,1999):

$$\sum_{i=1}^{I} (V_{it} A_i X_{it}) - du_{it} + dl_{it} = volume\ goal_t \quad \forall t \quad (7-2)$$

式中:$volume\ goal_t$ 为第 t 规划分期的目标收获蓄积。根据前期经验,本研究中各规划分期(即 1 年)收获蓄积均假设为 10^5 m^3。

从森林资源保护与经济收益的角度出发,本研究中森林采伐措施的安排需满足最小收获年龄(Age_{min})的约束,即当林分年龄 $Age_{it} \leq Age_{min}$ 时,严格禁止任何采伐作业，此时决策变量 $X_{it}=0$；而当林分年龄 $Age_{it}>Age_{min}$ 时，模拟程序可根据其他约束条件在候选经营措施(即皆伐和无采伐)中任意选择，此时决策变量 $X_{it}=\{0,1\}$，用数学公式可表示为：

$$\sum_{i=1}^{I} Age_{it} \geq Age_{min} \qquad \forall t \qquad (7-3)$$

式中：Age_{min} 为最小收获年龄，其依据林型而变化。根据《国家森林资源连续清查技术规定》中各优势树种的龄级划分标准，本研究设定天然落叶松林、针叶混交林和针阔混交林的最小收获年龄为61年，而天然白桦林和阔叶混交林则为41年。图7-1统计表明，在规划期初，阔叶类林分年龄小于41年的约占总林分数量的1%，而针叶类林分则高达27%左右。

第3个约束可称为资源约束或奇异点约束，即要求在30年的规划周期内每个林分被允许采伐的次数最多不超过一次，用公式表示为：

$$\sum_{t=1}^{T} X_{it} \leq 1 \qquad \forall i \qquad (7-4)$$

7.1.1.2　URM 规划模型

如前所述，URM 模型严格禁止相邻林分在同一规划分期内被同时安排皆伐活动。为了进一步增加模型的复杂度，本研究中规划模型还包括2个规划分期的绿量约束。假定某林分的采伐分期为 t，则其绿量约束范围(T_m)应包括：$m_1=t-2, m_2=t-1, m_3=t, m_4=t+1, m_5=t+2$；其中，如果 $m_z<0$，则 $m_z=0$；如果 $m_z>T$，则 $m_z=T$。因此，本研究中 URM 约束的评估范围不仅包含发生在第 t 分期内采伐的林分，也包含在 T_m 范围内被采伐的林分。根据上述 URM 和绿量约束的定义，该规划模型的数学形式可表示为(Murray, 1999)：

$$X_{it} + \sum_{z=1}^{U_i} \sum_{m=1}^{T_m} X_{zm} \leq 1 \qquad \forall i \qquad (7-5)$$

式中：U_i 为林分 i 的所有邻接林分；z 为与林分 i 相邻的某一收获单位；m 为位林分 i 的邻近分期，其中 $m \in T_m$；T_m 为某规划分期的所有邻近分期；X_{zm} 为0-1型整数规划变量，当林分 z 在第 t 分期内被安排采伐时，$X_{zm}=1$；反之，则 $X_{zm}=0$。

7.1.1.3　ARM 规划模型

ARM 模型同样以最大化木材贴现收益为目标，但其同时需满足森林采伐措施的 ARM 约束和绿量约束。同 URM 模型一样，本研究中 ARM 模型也包含2个分期的绿量约束，即在评估最大连续皆伐面积时不仅包含 t 分期内的采伐林分，也包含与该林分相邻且包含在 T_m 范围内的林分。因此，该规划问题可表示为（Murray，1999）：

$$X_{it}A_i + \sum_{k=1}^{U_i \cup S_i} \sum_{m=1}^{T_m} X_{km}A_i \leq U_{max} \quad \forall i \quad (7\text{-}6)$$

式中：k 为林分 i 的邻接林分；U_{max} 为假定的最大连续收获面积。为进一步增加规划模型的复杂程度，本研究继续考虑整个林场范围内最大平均采伐面积约束，其相当于整个规划周期采伐面积($\sum O_{ft}$)除以采伐斑块数量(F)。假定林分 i 在第 t 分期被采伐，则该林分对应的连续采伐面积可表示为（Boston & Bettinger，1999）：

$$X_{ft}A_f + \sum_{k=1}^{U_f} \sum_{m=1}^{T_m} X_{km}A_k = O_{ft} \quad (7\text{-}7)$$

式中：O_{ft} 为以林分 f 为采伐中心的连续采伐面积；U_f 为林分 f 的所有邻接单位；A_f 和 A_k 为林分 f 和 k 的面积。在计算连续采伐斑块的数量时，如果把每个林分都当做该面积的中心对待，则连续采伐斑块的数量会被人为高估。因此，根据 Boston 和 Bettinger 建议（1999），仅把每个斑块内的一个林分作为该斑块的中心 f，则该森林景观内连续采伐斑块的数量即为斑块中心的数量。根据上述定义，第 t 分期内林分平均采伐面积为（Boston & Bettinger，1999）：

$$\left(\sum_{f=1}^{F} O_{ft}\right)/F \leq U_{ave} \quad (7\text{-}8)$$

式中：f 为第 f 个连续采伐斑块的中心；F 为总共的连续采伐斑块数量；U_{ave} 为用户设定的最大平均连续采伐面积。鉴于我国当前林业相关标准在森林经营措施时空分布方面的相关约束还不够完善，本研究根据美国林业可持续标准将 U_{max} 和 U_{ave} 分别假设为 48 hm² 和 30 hm²（Sustainable Forestry Initiative，2015），其平均相当于同时采伐 2.5 个和 1.6 个相邻小班，显然这些约束与我国近期天然林的经营实践基本相符。

7.1.2 算法参数设置

经过数据整理后，发现该规划问题共包含了约 184000 个 0-1 型决策变量，同时这 3 类规划模型还涉及复杂的收获均衡约束、邻接约束以及绿量约束等限制，进一步导致该规划模型变得极为复杂而难以通过传统的数学优化技术求解。采用试错法评估一系列参数取值对算法搜索结果的影响（Boston & Bettinger，1999），在此基础上确定最优的参数组合。初始温度的测试范围涉及 10 个不同的等级（$10^4 \sim 10^5$，步长 10^3），结果表明初始温度对目标解质量的影响不显著，因此初始温度设置为 10000。算法模拟过程中新温度值的产生是通过将当前温度值乘以冷却速率得到的，因此冷却速率直接影响目标解的质量，为此本研究测试了 3 个不同的等级（即 0.950、0.975 和 0.999），结果表明目标函数值随着降温速率的增加而增加，因此在本研究中冷却速率式设置为 0.999。对于每温度下重复次数，本研究测试了 100 到 1000 共 10 个不同的等级（步长 100），但结果表明当每温度下重复次数高于 100 时，该参数取值对目标解的质量无显著影响。因此，在考虑到算法优化时间和确保获得满意解概率的约束下，每温度下重复次数采用 500 次模拟。终止温度则根据现有研究成果设置为 10，即当新温度值小于该数值时，则终止算法搜索过程，并输出最终的目标解。在该参数组合下，算法的每次优化过程运行约 3.45×10^6 次，即评估了约 345 万个有效的森林经营方案。

7.1.3 统计分析

根据 Bettinger 等（2007）建议，如果启发式算法的初始解是通过随机方式产生的，则其每次运算结果均可看作一个独立样本，进而有利于实施严格的数学统计分析。因此，本研究对每个规划问题独立模拟 30 次，以其目标函数值和优化时间作为统计分析的样本数据，并进行以下两个方面的评估：①以 30 次随机模拟目标函数值的统计值（如平均值、标准差等）为基础，定量评估不同空间约束形式对规划结果的影响；②采用方法差分析（ANOVA）检验不同空间约束形式对规划化结果影响的显著性。

7.2 结果与分析

7.2.1 优化结果

各规划问题目标函数值的统计特征如表 7-1 所示，可以看出各规划问题目标函数值的变异系数均较小，说明模拟退火算法的优化结果具有较好的稳定性，能够满足复杂森林经营规划的要求。同时，非空间约束和 ARM 约束问题的变异系数明显小于 URM 问题，说明本研究中 URM 模型更为复杂且难以求解。在 3 类规划问题中，非空间规划问题的最大目标函数值最大，约为 1666.08×10^6 元。当加入邻接约束和绿量约束时，ARM 和 URM 模型的最大目标函数值分别减小了约 0.12% 和 0.20%。对各规划问题的平均目标函数值而言，非空间模型的平均目标函数值约为 1661.13×10^6 元；当加入 ARM 模型时，平均目标函数值虽略有增加（0.08%），但其与非空间模型差异不显著（$P=0.35$）；当继续考虑 URM 模型时，规划问题的平均目标函数值下降趋势明显（5.11%），且其与非空间模型和 ARM 模型差异均达到显著水平($P<0.01$)。各规划问题的实际收获蓄积均接近预期收获目标,其平均变异系数仅为 0.10%~4.60%,其中非空间模型的平均蓄积收获量最接近预期目标,平均偏离量仅为 93.3 $m^3 \cdot a^{-1}$;ARM 模型和 URM 模型的平均蓄积偏离量仍呈增加趋势,分别达到 150 $m^3 \cdot a^{-1}$ 和 920 $m^3 \cdot a^{-1}$。整体来说,虽然空间约束造成降低了森林采伐的经济收益,但其通过有效控制经营措施的时空分布,从而更有利于维护和创建合理地景观结构。

表 7-1 基于模拟退火算法的森林空间规划问题目标函数值、收获蓄积和优化时间的统计特征

规划模型	目标函数值(10^6元)					收获蓄积($10^3 m^3$)		优化时间(h)	
	最小值	最大值	平均值	标准差	变异系数%	平均值	标准差	平均值	标准差
非空间	1658.98	1666.08	1661.13	2.88	0.17	100.09	0.10	1.17	0.06
URM 模型	1511.61	1662.67	1576.21	62.58	3.97	100.92	4.64	1.18	0.05
ARM 模型	1661.27	1664.09	1662.53	1.03	0.06	100.15	0.36	1.66	0.32

7.2.2 迭代过程

在给定模拟退火算法初始温度、终止温度、冷却速率和每温度下重复次数后,单次优化过程共迭代了约 3.45×10^6 次,但由于本研究规划模型的复杂程度较低,因此算法能够在相对较短的时间内达到稳定状态。对各规划问题 60 次随机模拟的优化时间统计表明,非空间模型的平均优化时间最短(1.17 h),其次为 URM 模型(1.18 h),而 ARM 模型的平均优化时间最长,达 1.66 h。由于本研究中单次优化的总迭代次数过多(高达 345 万次),因此图 7-1 仅给出了各规划问题最优森林经营方案中前 1.0×10^5 次(约占总迭代次数的 2.90%)迭代的目标函数值随迭代次数的动态变化过程,其中此时非空间模型、ARM 模型和 URM

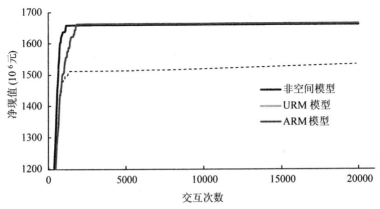

图 7-1 基于模拟退火算法的森林规划问题的目标函数优化过程

模型的目标函数值分别约占最优值的 99.54%、99.39% 和 98.83%。可以看出，非空间模型、ARM 模型和 URM 模型分别经过大约 2000 次、18000 次和 79000 次左右迭代后即可达到相对稳定状态；此后，目标函数值虽略有增加，但变化幅度明显趋缓。

7.2.3 最优经营方案

各规划问题最优森林经营方案的时空分布如图 7-2 所示，可清晰辨识出 URM 和 ARM 模型的森林经营措施时空分布更为分散。显然，该类方法不仅会在景观水平上限制大面积皆伐迹地的产生，而且还可以通过绿量约束充分考虑皆伐迹地的天然或人工更新过程，因此更有利于确保区域尺度上森林资源的连续覆盖。3 类规划问题在整个规划周期内采伐林分数量均较小，仅为总林分数量的 16.98% 左右，同时各分期的作业面积也近似均等，仅占研究区域总面积的 0.44%。按此推算，整个研究区域的森林需经过约 228 年才能完成一个完整的采伐轮回，而根据当地森林资源的生长规律可推断这一期限足够实现森林资源的完全恢复，因此本研究所建立的规划模型能够实现森林资源的可持续经营。

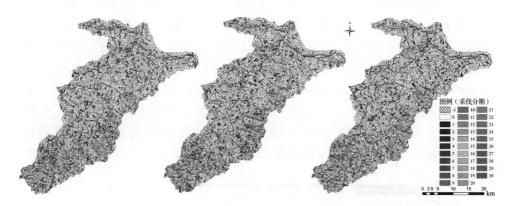

图 7-2　基于模拟退火算法的各规划问题最优解经营措施的时空分布

注：左：非空间模型；中：ARM 模型；右：URM 模型。

7.3　讨论与结论

本研究所考虑森林经营措施的空间约束形式已经以法律、法规或森林认证标准的形式得到欧美林业发达国家的广泛认可（Sustainable Forestry Initiative，2015），并进行了大量地研究和应用（Murray，1999；Boston & Bettinger，1999；

Bettinger et al.，2002），但在我国的相关研究还未见报道。为此，本研究以规划周期内最大净木材收益为目标，测试了 URM 和 ARM 约束在我国东北地区的应用潜力，研究结果表明：与非空间规划问题相比，当考虑 ARM 约束时，规划周期内的平均经济收益虽略有增加（0.08%），但差异不显著（$P=0.35$）；而当考虑 URM 约束时，规划期内平均经济收益呈显著下降趋势（5.11%；$P<0.01$），但无论采用何种约束形式，森林经营措施的时空分布均更为合理。需要强调的是，由于本研究中所设置的最大连续采伐面积（U_{max}）和最大平均采伐面积（U_{ave}）约束均相对较大而蓄积收获目标（volume goal）却相对较小，因此 ARM 模型与非空间模型所获得的经济收益差异相对较小，显然若进一步减小 U_{max} 和 U_{ave} 的值或增大 volume goal 值，则 ARM 空间约束的效果将更为明显。Boston 和 Bettinger（2001）研究表明当 T_m 从 3 年减小到 2 年时，若 U_{max} 为 60 hm^2，则规划周期（10 年）内单位面积经济收益将减少 10 美元，而当 U_{max} 为 90 hm^2 时，单位面积经济收益减小幅度略有降低，但也达到 6.7 美元。因 2 种模型的约束机制不同，其具体应用环境也有所差异（Borges et al.，2015）：当研究区域所有小班平均面积近似于 U_{max} 时，应优先采用 URM 模型；而当研究区域所有小班平均面积显著小于 U_{max} 时，则更应该采用 ARM 模型。

  模拟退火算法作为一种启发式技术已经广泛应用于林业领域的规划研究中，其同时也被证明是一种高效的优化求解技术（Bettinger et al.，2002），但其性能往往对参数的取值具有较高的依赖性。Pukkala 和 Heinonen（2006）研究表明：当使用的参数不合理时，启发式算法产生的目标解与所研究规划问题的实际最优解可能存在较大差异，同时也会影响不同启发式算法性能比较的研究结果，因此森林决策人员必须慎重选择模拟退火算法的参数。本研究在借鉴前人研究成果的基础上（Boston & Bettinger，1999；Pukkala & Heinonen，2006），定量模拟了一系列初始温度、最终温度、冷却速率以及每温度下的交互次数取值对规划结果的影响，结果表明 180 个目标解的平均变异系数仅为 0.06%～3.97%之间，说明模拟退火的优化结果具有较好的稳定性，同时也验证了本研究最终所选取参数组合是基本合理的。

  需要指出的是，现有科学研究和森林经营实践均表明任何采伐措施（如皆伐、择伐）均各具优劣势，其中大面积皆伐会引起显著地景观破碎、水土流失、生物多样性降低等一系列生态问题，而小面积皆伐（文中 U_{max} 约束平均相当于 2.5 个相邻小班）不仅有利于降低采伐成本同时也不会造成严重的生态问题，这是当前美国森林生态系统经营的重要途径；而择伐、渐伐、抚育等措施一方面会显著增加经营成本，另一方面在采伐过程中伐倒木对周围剩余林木的次生灾害（如砸伤、压倒等）同样不容忽视。同时，国外学者在开展基于皆伐措施地森林经营规划研究时,林分面积往往介于 3~5 hm^2 之间,而本研究中林分平均面积则高达 19.15±10.80 hm^2。因此,如果我国今后需要引入该类森林经营技术理念,则势必需要对当前的森林资源二类调查技术标准做出适当调整。

第8章
大兴安岭盘古林场森林碳汇木材复合经营规划

森林作为陆地生态系统的主体，其能够以26%的陆地面积储存整个陆地生态系统约80%以上的碳储量，同时其年均固碳量也可达到整个陆地生态系统的60%以上，因此森林在缓解全球气候变化中起着十分重要的作用。2015年，全球195个缔约国正式签署了具有法律效力的《巴黎协定》，其中"减少毁林和森林退化排放以及通过可持续经营森林增加碳汇行动"（条款5.2）的途径被进一步明确。根据第九次森林资源连续清查数据可知，我国人工林面积居世界首位，达0.80亿hm^2，但继续造林难度越来越大、成本投入越来越高、见效也越来越慢的问题日益突出。在此背景下，如何通过科学、合理地经营活动以提升森林质量、促进森林碳汇已成为我国森林经营领域中亟待解决的关键问题。

长期以来，我国森林经营研究多集中在林分（或样地）尺度，主要探讨不同经营方式对林分结构和功能的影响，进而总结出适用于不同林型的最优经营模式（惠刚盈，2011），但关于不同经营措施在时空尺度上合理配置的研究却相对较少。经营措施的时空配置本质上是一种组合优化问题。20世纪80—90年代，我国学者已经采用数学优化技术对木材永续利用问题进行了一些研究，比较有代表性的如周国模（1989）、黄家荣和杨世逸（1993）采用多目标规划方法研究了同龄林的收获调整；于政中和周泽海（1988）、宋铁英和郑跃军（1989）采用动态优化方法研究了异龄林的收获调整，但这些研究均属于单目标的森林经营规划，不符合我国现阶段森林多目标经营的实际需求；近些年来，刘莉等（2011）采用加拿大的FSOS模型研究了我国东北林区森林的多目标经营规划问题；戎建涛等（2012）以森林资源二类调查数据为基础，采用多目标规划建立了能够兼顾木材生产和碳增量的规划模型，但这些研究却并未考虑不同经营措施的空间配置问题。

现有研究已表明不同林分间的生态效益与功能往往存在着一定的交互作用

区域，因此在森林经营规划中应着重考虑不同经营措施的时空分布问题。现阶段，邻接约束和绿量约束是森林经营规划领域中使用最广泛的空间约束形式（Bettinger et al.，2017）。如 Boston 等（2001）评价了不同邻接和绿量约束范围对森林空间收获安排问题的影响；Bettinger 等（2008）建立了能够兼顾森林木材生产和野生动物生境保护的空间规划模型；Baskent 等（2009）建立了能够兼顾森林木材生产、水源涵养和碳储量的多目标规划模型。我国学者在此方面的研究则相对较少，仅陈伯望等（2006，2008）先后以德国南部 Winnefeld 林班的 41 个挪威云杉（*Picea abies*）林为例分别探讨了空间邻接约束和均衡约束对森林中期（20年）经营规划方案的影响；董灵波等（2018）评估了单位限制模型和面积限制模型对大兴安岭盘古林场森林空间收获安排的影响，但这些研究并未涉及多目标的经营规划问题。

综上所述，鉴于当前人类对全球气候变化问题的持续关注，本研究在森林分类经营思想指导下，以大兴安岭地区塔河林业局盘古林场为对象，以 50 年规划周期内木材生产和地上乔木层碳增量的经济收益为经营目标，以规划期内木材均衡收获、期末碳储量及择伐措施时空分布为主要约束，采用模拟退火算法建立林场尺度森林多目标空间经营规划模型，为区域内森林资源的多目标经营提供理论依据和技术支撑。

8.1 材料与方法

8.1.1 生长模拟

规划过程中林分生长和收获预测及其对各种择伐强度的响应结合采用王鹤智（2012）建立的东北林区主要森林类型林分级生长与收获模型以及董利虎（2015）建立的该地区主要林型蓄积—生物量换算模型进行定量模拟。该套模型系统是基于东北地区大量固定样地调查数据，在相关经验或理论生长模型基础上拟合而来，并采用独立样本进行检验，模型模拟精度整体较高，能够满足长期森林经营规划的要求。具体流程为：①根据王鹤智（2012）所建林分生长与收获模型预测各小班不同生长阶段的林分特征变量，如平均胸径、平均树高、株数密度、蓄积等；②采用董利虎（2015）所建林分生物量—蓄积量模型，将林分蓄积量转换为生物量；③结合不同林型特征以及各树种含碳率综合确定各林型含碳率，即天然落叶松林为 0.5211、天然白桦林为 0.4914、针叶混交林为 0.5214、针阔混交林为 0.5075、阔叶混交林为 0.4935。各模型具体形式及参数估计详见王鹤智（2012）、董利虎（2015），此处不再赘述。

8.1.2 规划模型

8.1.2.1 目标函数

虽然我国已经全面停止了天然林的商业性采伐行为，但现有研究均表明适度地人为干扰(如择伐、抚育等)既有利于形成健康稳定的森林生态系统，同时在此过程中也能够产生一定的木材，因此木材生产是森林生态系统一项重要的、不可回避的基础功能。同时，随着全球气候的持续变化，森林通过光合作用吸收大气中CO_2，进而发挥显著的碳汇作用，因此其在抑制气候变化中的作用正受到越来越多的重视，特别是随着全球190多个国家和地区对《巴黎协定》的正式签署。因此，本文以研究区域50年规划周期(10个5年分期)内木材生产和乔木层碳增量的综合经济收益最大化为目标函数，即：

$$\text{Max } Z = NPV^{\text{timber}} + NPV^{\text{carbon}} \tag{8-1}$$

式中：Z为规划问题的目标函数，即整个规划周期内木材收获和乔木层碳增量总经济收益的贴现值；NPV^{timber}为整个规划周期内木材收益的贴现值；NPV^{carbon}为整个规划周期内乔木层碳增量经济收益的贴现值。

8.1.2.2 木材生产

采用3种不同强度的择伐作业活动，即轻度择伐(10%)、中度择伐(20%)和重度择伐(30%)。天然落叶松林、天然白桦林、针叶混交林、针阔混交林和阔叶混交林的原木价格分别假设为1050元·m^{-3}、1000元·m^{-3}、1090元·m^{-3}、870元·m^{-3}和1170元·m^{-3}。择伐成本因不同作业强度而异，分别为800元·hm^{-2}、1600元·hm^{-2}和2400元·hm^{-2}。文中所有与木材生产相关的经济收益和经营成本均按3%的贴现率进行折现，即换算为净现值。因此，规划模型中对应的木材经济收益及其产量可描述为：

$$NPV^{\text{timber}} = \sum_{t=1}^{T}\sum_{i=1}^{M}\sum_{i=1}^{N} npv_{ijt}^{\text{timber}} x_{ijt} \tag{8-2}$$

$$\sum_{t=1}^{T}\left(\sum_{i=1}^{M}\sum_{j=1}^{N} v_{ijt} x_{ijt}\right) = \sum_{t=1}^{T} H_t = TH \tag{8-3}$$

上述方程中，式(8-2)为规划期内木材总经济收益的计算公式；式(8-3)分别为第t规划分期和整个规划周期内木材产量的计算公式，其中i为任意经营单位(即小班)；M为区域内小班数量；j为任意一种经营措施；N为各小班候选经营措施数量，本研究中包括3种不同强度的择伐作业和无采伐作业方式；t为任意规划分期；T为总经营规划分期数；$npv_{ijt}^{\text{timber}}$为第$i$个小班在第$t$分期采用第$j$

种作业方式的木材经济收益；x_{ijt} 为 0-1 型变量，若林分 i 在第 t 分期采用第 j 中作业方式，则 $x_{ijt}=1$；否则，$x_{ijt}=0$；v_{ijt} 为林分 i 在第 t 分期采用第 j 种作业方式的蓄积收获量；H_t 为第 t 分期的蓄积收获量；TH 为整个规划期内的木材收获量。

由于研究区域内林分条件和森林经营情况较为复杂，若要执行严格地收获均衡不仅较为困难，同时也不符合我国林业生产的实际情况，因此本研究采用如式(8-4)所示的约束方式，将各分期收获蓄积约束在一定的范围内，具体表示如下：

$$(1-\alpha)H_{t-1} \leqslant H_t \leqslant (1+\alpha)H_{t+1} \quad \forall t \tag{8-4}$$

式中：H_{t-1}、H_t、H_{t+1} 分别为第 $t-1$ 分期、第 t 分期和第 $t+1$ 分期的蓄积收获量；α 为相邻分期收获蓄积量的差异，本研究均假设为 15%，即 $H_t \in [0.85 \cdot H_{t-1}, 1.15 \cdot H_{t+1}]$。

8.1.2.3 碳增量

由于森林生态系统中土壤层、枯落物层以及灌草层的碳储量往往具有较强的空间异质性，同时现阶段也缺乏可靠的预测模型，因此本研究仅考虑规划周期内乔木层地上部分的碳增量。根据前述林分级生长与收获模型可知，在规划周期内特定小班的碳增量(Δt)可表示为：当前规划分期(即第 t 分期)碳储量(C_t)减去前一个分期(即第 $t-1$ 分期)碳储量(C_{t-1})，即 $\Delta t = C_t - C_{t-1}$。显然，在不考虑自然干扰的情况下，若该小班未被采伐，则其相邻分期内碳增量应始终满足 $\Delta t \geqslant 0$ 的要求，并随着规划分期的增加呈逐渐减小趋势；但对于采伐小班，第 t 分期内的碳增量 Δt 应为负数，但第 $t+1$ 分期内的碳增量(即 $\Delta t+1$)则应为正数，且此后各分期碳增量也应为正数，并且此后同样随规划分期数的增加呈减小趋势。碳价格是影响本文规划过程和结果的关键参数之一，根据《中国碳排放交易网》2013—2017 年统计数据假设为 120 元 · t^{-1}。同木材生产一样，所有与碳增量相关的经济收益也均按 3% 的贴现率进行折现。因此，规划模型中对应的碳增量及其经济收益可表示为：

$$NPV^{carbon} = \sum_{i=1}^{M}\sum_{j=1}^{N}\sum_{t=1}^{T} npv_{ijt}^{carbon} x_{ijt} \tag{8-5}$$

$$\sum_{i=1}^{M}\sum_{j=1}^{N} c_{ijt} x_{ijt} = C_t \quad \forall t \tag{8-6}$$

$$\sum_{t=1}^{T}(C_t - C_{t-1}) = TC \tag{8-7}$$

上述方程中，式(8-5)用于计算整个规划周期内碳增量的总经济收益；式

(8-6)用于计算第 t 分期时区域内的总碳储量；式(8-7)用于计算第 t 分期内整个区域内的总碳增量，其中 npv_{ijt}^{carbon} 为第 i 个小班在第 t 分期采用第 j 种作业方式后林分继续生长至规划期末时碳增量的经济收益；c_{ijt} 为第 i 个小班在第 t 分期采用第 j 种作业方式后的碳储量；C_t 和 C_{t-1} 分别为第 t 分期和第 $t-1$ 分期区域内的碳储量；TC 为整个规划周期内的碳增量。

为了更好地兼顾森林的木材生产和碳汇功能，本研究采用如式(8-8)所示的形式约束规划周期内应满足的最低碳增量目标，具体形式如下：

$$TC \geq \beta \cdot TC^* \tag{8-8}$$

式中：TC^* 表示当区域内对所有林分均不采取任何采伐方式时林分正常生长至规划期末时的碳增量，即 $TC^* = TC_T - TC_0$，其中 TC_T 为第 T 分期(规划期末)的碳储量，TC_0 为第 0 分期(规划期初)的碳储量；β 为规划周期内真实碳增量较 TC^* 的增加比例，本研究限定为 20%。

8.1.2.4 空间约束

空间约束主要限制规划期内不同择伐作业强度的时空分布特征，采用 Murray(1999)提出的邻接约束和绿量约束。为了更好地说明邻接约束和绿量约束的作用方式，现假设某地区有一个 5 行×5 列的栅格林分，每个栅格代表不同经营小班，各小班采伐方式仅为 2 种(即皆伐和不采伐)，且各小班采伐周期均如图中数字所示(图 8-1)。当绿量约束期为 0 时(图 8-1A)，且以 A(3, 3)小班为核心，由于 A(3, 3)和 A(3, 2)、A(4, 2)采伐分期相同，因此该种情形可连续采伐的小班数量为 3 个；当绿量约束为 1 时(图 8-1B)，除了前述的 A(3, 2)和 A(4, 2)小班以外，根据邻接林分的递推关系可知，小班 A(3, 3)与 A(2, 3)和 A(4, 3)、A(4, 3)与 A(5, 3)、A(4, 2)与 A(4, 1)和 A(5, 1)均相差一个分期，因此这些林分也同样处于邻接和绿量约束范围内，即可同时采伐 8 个小班。显然，随着绿量约束期的增加，可同时采伐的小班数量呈典型非线性增加趋势。因此根据上述约束示例，绿量约束通用规则可概括为：若某林分采伐周期为 t，绿量约束期为 n，则该林分的绿量约束范围为 $T_m \in \{m_1 = t-n, m_2 = t-(n-1), \cdots, m_{n-1} = t-1, m_n = t, m_{n+1} = t+1, m_{n+2} = t+2, m_{2n} = t+n\}$，若 $m_i < 0$，则 $m_i = 0$；若 $m_i > T$，则 $m_i = T$。显然，当绿量约束分期较长时，同时采伐的小班数量也会显著增加。因此，经营决策者需根据实际情况对最大连续采伐面积做出限制。为此，本文对邻接约束和绿量约束进行有效整合，构建出如下约束形式：

$$A_i \cdot x_{ijt} + \sum_{k \in N_i \cup S_i} \sum_{m=1}^{T_m} A_k \cdot x_{kjm} \leq U_{\max} \quad \forall i \tag{8-9}$$

式中：A_i、A_k 分别为第 i 个、k 个小班的面积；k 为第 i 个小班的相邻小班；N_i 为与第 i 小班相邻的其他小班组成的集合；S_i 为与 N_i 中的小班相邻的其他小班，呈明显的递推关系；m 为规划分期 t 的任意一个相邻分期；T_m 为规划分期 t 的绿量约束范围；U_{max} 为最大连续采伐面积。

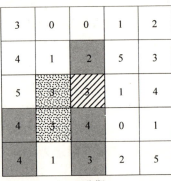

图 8-1　采伐措施绿量约束示意图

注：图中数字代表不同分期；▨表示核心小班，▦ 和 ▧ 分别代表 0 个和 1 个分期绿量约束的小班。

8.1.2.5　其他约束

除上述约束外，本研究还考虑了规划周期内不同小班采伐次数和决策变量属性的约束。为了防止规划期内对各小班的过度采伐，式(8-10)要求在整个规划周内每个小班的择伐次数至多不超过 1 次。此外，由于幼中龄林的林分蓄积生长率、碳增长率均相对较高，但林木出材率及其经济价值却相对较低，因此要求所有林分的采伐活动必须满足最小年龄约束(式 8-11)，根据《国家森林资源连续清查技术规定》中相关优势树种(组)的龄组划分标准设定：天然落叶松林、针叶混交林和针阔混交林的最小择伐年龄均为 61 年，而天然白桦林、阔叶混交林的最小择伐年龄则为 41 年。式(8-12)则进一步要求规划模型中的所有决策变量均为 0-1 型整数变量，即相同小班不允许被同时安排多种作业方式。鉴于研究区域内部分小班处于生态脆弱区，不宜开展木材生产经营活动，因此择伐作业仅安排在商品林中进行，而严格禁止对各种公益林的任何人为干扰。据此，规划期内各小班采伐次数和决策变量属性约束可概括如下：

$$\sum_{t=1}^{T} x_{ijt} \leq 1 \quad \forall i \tag{8-10}$$

$$\sum_{i=1}^{M} Age_{ijt} > Age_{min} \quad \forall t, j \tag{8-11}$$

第 8 章
大兴安岭盘古林场森林碳汇木材复合经营规划

$$x_{ijt} = \begin{cases} \{0\}, & \text{if } i \in \{River, Road, SoilPro\} \\ \{0, 1\}, & \text{if } i \in \{ComFor\} \end{cases} \quad (8\text{-}12)$$

式中：$ComFor$、$River$、$Road$、$SoilPro$ 分别代表商品林、护岸林、护路林和水土保持林的小班集合，若小班 i 属于护岸林、护路林和水土保持林，则决策变量 $x_{ijt} = 0$，即在第 t 分期不选择任何作业方式；若小班 i 属于商品林，则决策变量 $x_{ijt} = \{0, 1\}$，即可在第 t 分期选择是否选用第 j 种作业方式。

8.1.3 优化算法

综上所述，经营规划是一个复杂的决策优化问题，为此本文以 Microsoft Visual Basic 6.0 为平台，在面向对象编程思想指导下对林分生长与收获模型、经营规划模型和模拟退火算法进行有效整合，进而建立了经营单位尺度森林多目标空间经营规划模拟平台（FMP v1.0；图 8-2）。经过前期试验模拟后，模拟退火算法的 4 个参数分别设置为：初始温度 = 10000，终止温度 = 1，冷却速率 = 0.99，每温度下重复次数 = 100。在该套参数体系约束下，算法每次优化共可进行 91700 次有效迭代，即理论上可产生 91700 个有效森林经营方案（即不违背任何约束）。

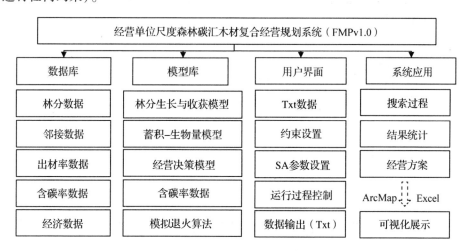

图 8-2 经营单位尺度森林碳汇木材复合经营规划系统框架图

注：可视化展示部分需借助 ArcMap 和 Excel 软件实现。

8.2 结果与分析

8.2.1 模拟退火算法搜索过程

在给定模拟退火算法初始参数、林分空间关系、生长模型和经济参数后，可通过FMP软件平台进行多次模拟，从而获得多个高质量的森林经营方案。图8-3给出了30次随机模拟中最优目标解的优化过程。在Core i7/RAM 4GB/Window 7/VB6.0软硬件环境下求解该问题平均耗时约1.50 h（即16.98个·s^{-1}）。由于木材价格显著高于碳价格（约20倍），因此优化过程中木材贴现值始终处于主导地位，且算法获得的总贴现值和木材贴现值均随着迭代次数的增加而增加，大约经过7万次迭代后达到稳定状态，此时总贴现值和木材贴现值分别为1.54×10^8元和1.37×10^8元，较优化期初增加了约2.03和2.74倍。但优化过程中，碳增量对应的贴现值则随着迭代次数的增加呈现下降趋势，目标函数值达到稳定状态后的碳贴现值约为0.17×10^8元，较优化期初减小了约30.98%。显然，这3种贴现值的变化过程说明在当前给定参数配置下，算法倾向于采伐更多的木材而非优先固定碳。

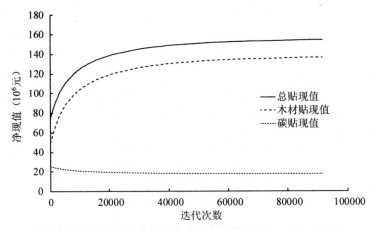

图8-3 规划期内总贴现值、木材贴现值和碳贴现值变化过程

优化过程中各种物质量的变化趋势进一步验证了：在当前给定参数配置下，算法倾向于采伐更多的木材而非优先固定碳的结论（图8-4）。最优解迭代过程中，期末碳储量由优化期初的6.61×10^6 t下降到优化期末的5.99×10^6 t，减少了约10.15%；与此相对应，规划期内的碳增量同样呈显著的下降趋势，稳定状态

时规划期内累计碳增量($1.68×10^6$ t)较优化期初下降了约26.96%；但在优化过程中，木材产量随迭代次数呈显著增加趋势，稳定状态时的木材产量约为$1.78×10^6$ m^3，较优化期初增加了约2.44倍。此外，算法优化过程中木材产量和规划期内碳增量的数值在大约经过4.5万次迭代后达到相等状态，之后规划期内碳增量的数值则始终略小于木材产量。

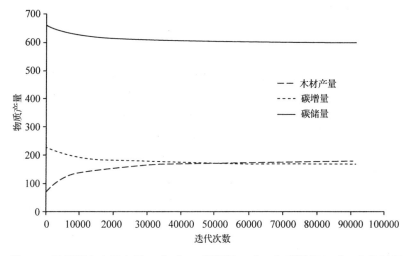

图8-4 规划期内木材产量(10^3 m^3)、碳增量(10^3 t)和碳储量(10^3 t)变化过程

8.2.2 最优森林经营方案

最优森林经营方案中各分期收获蓄积、择伐面积及择伐小班数量如表8-1所示，可以看出规划周期内各分期平均收获蓄积约为$0.18×10^6$ m^3，变异系数达22.80%，其中第1分期收获量最大($0.23×10^6$ m^3)，第7分期收获量最小($0.11×10^6$ m^3)；规划期内各分期重度择伐的收获蓄积所占比例最大，平均约为91.90%，而轻度择伐和中度择伐的收获蓄积量均相对较小，平均仅约为1.59%和6.50%；规划周期内择伐小班数量为3198个，占区域内小班总数的49.81%，择伐面积59251 hm^2，占区域总面积的48.01%，各分期采伐面积及小班数量的分配比例均与收获蓄积基本一致。各分期不同择伐作业方式的空间分布如图8-5所示，可以看出各种择伐作业措施具有明显的空间分布特征。

表 8-1 各分期收获蓄积及择伐面积分布

变量	择伐方式	择伐分期									
		1	2	3	4	5	6	7	8	9	10
收获蓄积量 (10^3 m^3)	轻度择伐	4.6	1.3	0.7	1.0	1.4	0.6	1.7	1.3	6.3	9.4
	中度择伐	28.1	8.9	4.6	3.2	5.4	5.2	9.4	5.0	21.5	24.1
	重度择伐	198.5	218.4	177.6	210.9	169.3	135.5	102.3	127.6	132.9	159.2
	合计	231.3	228.6	182.9	215.0	176.1	141.4	113.3	133.9	160.7	192.8
择伐面积 (hm^2)	轻度择伐	474	145	86	71	132	63	133	133	461	741
	中度择伐	1464	431	227	166	243	205	413	209	925	961
	重度择伐	6944	7594	6002	6684	5293	4301	2995	3641	3684	4430
	合计	8882	8170	6315	6921	5668	4569	3541	3983	5070	6132
择伐小班数量	轻度择伐	16	6	3	3	5	3	4	4	15	26
	中度择伐	78	20	8	7	10	8	15	8	35	41
	重度择伐	526	487	295	415	283	209	142	160	164	202
	合计	620	513	306	425	298	220	161	172	214	269

8.3 讨论与结论

8.3.1 讨论

规划模型中碳成分考虑不够周全。胡海清等(2015)研究表明大兴安岭天然落叶松林和天然白桦林生态系统中非乔木层(如灌木层、草本层)碳储量分别占总生物碳储量的 7.57%~41.06% 和 11.65%~51.58%，且整体随着林龄的增加呈减小趋势，说明这些成分的碳储量在森林生态系统中同样具有重要作用，但由于这些成分均存在着明显地空间异质性，很难通过模型进行定量模拟，因此现阶段还无法将其加入规划模型中。此外，对于本书中的长期规划而言，规划期内收获的木材会随着使用年限的增加而有部分损耗，进而释放一定的 CO_2，因此后续研究中也应考虑木材碳释放过程对规划结果的影响。

规划模型中各项参数取值有待于进一步研究。为了使规划模型能够更好地应用于具体的森林实践，本研究对规划模型中的部分参数进行了设置，主要包括相邻分期木材波动范围(α)、期末碳储量的最低增量目标(β)、绿量约束范围(T_m)以及最大连续采伐面积(U_{max})等，但这些参数的取值均来源于国内外同行的相关研究，在我国还缺乏相关的实践经验和科学标准。Keleş等(2007)研究表

第 8 章
大兴安岭盘古林场森林碳汇木材复合经营规划

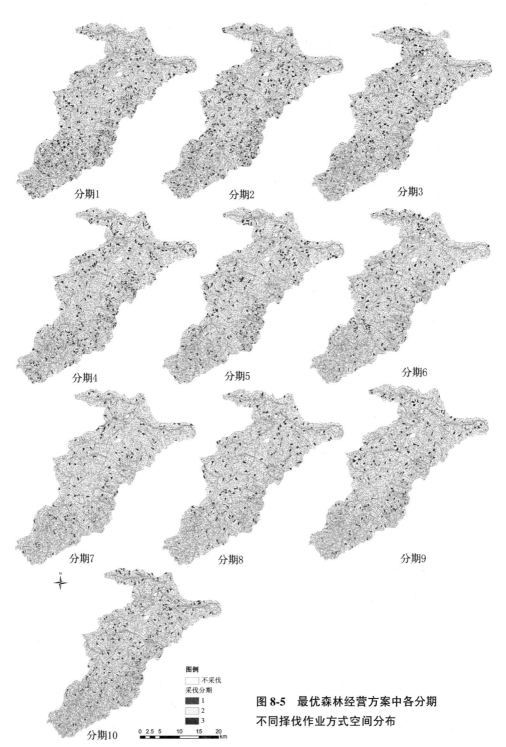

图 8-5 最优森林经营方案中各分期不同择伐作业方式空间分布

明规划期内木材产量与碳增量间呈典型的非线性变化趋势,其关系可拟合为:$TH=-69.4\beta^2+561.8\beta+72210(R^2=0.999)$;Boston 等(2001)研究表明:当 U_{max} 为 60 hm² 时,若将绿量约束期从 3 年减小为 2 年,规划期内经济收益将增加 10 美元·hm^{-2},而当 U_{max} 为 90 hm² 时,规划期内收益也可增加 6.7 美元·hm^{-2},显然这些参数取值对经营规划结果具有重要影响。因此,在实际森林经营过程中,决策者可通过设置更高的碳汇量目标(增大 β 值)、更严格的空间约束(减小 U_{max} 而增大 T_m),来获得更符合我国实际情况的森林经营方案。

碳价格对规划结果具有显著影响。本研究中碳价格采用了我国 2013—2017 年碳贸易市场的最高交易价格(120 元·t^{-1}),但该值仍显著低于当前的木材价格,因此规划模型中重度择伐的小班数量、面积及蓄积均显著高于其他作业方式。但随着全球气候的持续变化以及人们对自身生存环境的日益重视,全球及我国碳交易价格均呈现出明显的递增趋势,因此若采用更高的碳价格(Dong et al.,2018),则重度择伐的小班数量、面积和蓄积均会持续减小,这与 Qin 等(2017)研究结果一致。Dong 等(2018)研究进一步表明重度择伐面积随碳价格的增加呈明显的负 Logistic 函数关系。根据世界银行《碳价格状态及发展趋势》(World Bank,2019)的报告可知,碳贸易和碳税机制是当前国际社会应对全球气候变化的重要举措,但这两种机制内碳的价格却存在显著差别,其中碳贸易市场的碳价格通常低于 100 元·t^{-1},而碳税市场的碳价格则往往高于 1000 元·t^{-1}。显然,从经济角度考虑,寻找和确定合适的碳价格不仅对森林碳汇经营具有重要作用,同时也可作为森林生态效益补偿的标准。朱臻等(2012)研究表明在当前木材价格处于高位的条件下,杉木(*Cunninghamia lanceolata*)人工林最佳轮伐期对较大范围内碳价格(0~800 元·t^{-1})的变化并不敏感,但当碳价格继续上升时,杉木人工林最佳轮伐期会呈现出推迟现象;Qin 等(2017)通过不同碳价格的情景模拟也表明能够使森林发挥碳汇作用的合适碳价格至少应维持在 800 元·t^{-1} 以上,因此碳价格对森林经营规划的效果仍有待于进一步评估。

8.3.2 结 论

本研究以大兴安岭地区盘古林场为例,采用模拟退火算法建立能够兼顾森林碳储量和木材生产的多目标空间规划模型。模拟结果表明:在我国当前木材和碳贸易市场的双重约束下,大兴安岭盘古林场 50 年规划周期内碳汇木材复合经营经济收益可达 1.54×10^8 元,其中木材收益处于主导地位,约占总经济收益的 88.96%;规划期内木材产量累计达 1.78×10^6 m³,碳增量达 1.68×10^6 t,期末碳储量达 5.99×10^6 t,单位面积碳储量较规划期初增加了约 38.98%;规划期内总择伐面积达 48.01%,结合受保护面积(44.36%)推算出规划期内未经营面积约占7.63%,其中重度择伐面积占研究区域总面积的41.78%;各分期内不同作业方式的配置存在显著差异,其中重度择伐作业的蓄积收获量、采伐面积以及小班数量均最大,平均约占各自总体的90%以上;最优森林经营方案存在显著的空间分布特征,但均符合规划模型的各项约束条件。显然,本研究提出的规划模型对我国森林碳汇经营具有重要借鉴意义。

第 9 章
碳价格对森林空间经营规划的影响

作为一个林业大国，截至 2013 年，我国森林占陆地面积 21.63%，森林蓄积高达 1.51×10^{10} m³，碳储量为 8.43×10^9 t（徐济德，2014）。在全国第八次森林资源连续清查中（2009—2013 年），蓄积生长量约为 2.83×10^8 m³·a^{-1}，而收获量仅为 8.4×10^7 m³·a^{-1}，年均固碳能力约为 1.15×10^8 t，表明我国森林碳汇作用显著（徐济德，2014）。但根据美国二氧化碳信息分析中心统计表明：我国仅 2010 年因燃烧化石燃料而释放的碳就高达 2.26×10^9 t，据此估算我国森林每年固碳量仅占总释放量的 5% 左右，因此我国社会当前仍面临严峻的碳减排压力。为此，我国政府提出 2030 年使森林蓄积量比 2005 年增加 45 亿 m³ 的目标，但现阶段我国可造林面积已严重不足（徐济德，2014），在此背景下通过积极地森林经营措施来提高森林蓄积和碳储量已成为唯一出路。

森林经营规划逐渐得到林业工作者的重视，这类模型能够预先分析不同经营措施对森林经营可能造成的短期和长期影响。现阶段，部分学者提出了一些针对森林碳目标的规划模型，如 Bourque 等（2007）采用规划软件 CWIZ™ 和木材供应软件 Woodstock™ 研究了加拿大 New Brunswick 北部地区 105000 hm² 林地 80 年内的木材生产、生境保护以及碳储量的多目标规划问题；Keles 等（2007）建立了土耳其 Artvin 地区 5 175 hm² 林地的木材生产和碳储量多目标森林规划模型，在该模型中详细考虑了不同木材产品的生命周期，但这些研究多是基于皆伐作业方式的森林经营规划，不能满足我国现阶段森林经营的需求。在我国现阶段关于森林碳目标规划的研究还不多见，仅戎建涛等（2012）以间伐和择伐为作业方式，建立了能够兼顾森林碳储量和木材生产的多目标规划模型，该模型考虑林分生长、木材产量均衡和生长模型等约束。综上所述，现阶段我国关于森林碳目标经营规划的研究还较少见，且很少涉及复杂的空间约束问题。

为此，本研究以大兴安岭地区塔河林业局盘古林场为例，以模拟退火算法为优化技术，以经济效益为基础，建立能够兼顾森林木材生产、碳储量和经营措施时空分布的多目标规划模型。规划周期为30年(分期10年),目标函数具体包括最大化木材和碳储量贴现净收益、最小化采伐和惩罚成本,而约束条件则主要涉及最小收获年龄、收获次数、收获均衡以及邻接约束等。同时,本研究在采用我国当前碳交易价格的基础上,还系统评估了其他15种碳价格对规划结果的影响。显然,本研究可为该地区森林资源的可持续经营提供理论依据和技术支撑。

9.1 材料与方法

9.1.1 森林规划模型

根据3.2节所述,森林空间经营规划中林分的空间关系包含强邻接关系、中等邻接关系、弱邻接关系和不邻接关系共4种。本研究采用强邻接关系描述不同林分的空间相对位置。在ArcMap 10.0软件平台下提取所有林分的空间邻接关系,统计结果表明该数据集中每个林分的相邻林分数量在1~22个范围内(图9-1),平均数量为5.46个,标准差为1.90个,其中拥有3~8个邻接林分的小班数量最多,约占总体的91.64%。

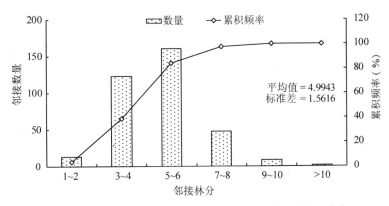

图9-1 研究区域各小班的邻接林分数量及其累积频率分布

规划模型以整个规划周期内木材收获和期末碳储量的最大净现值收益为目标函数,同时为了有效控制森林经营措施的空间分布,对经营措施过度聚集的森林经营方案施以适度的经济惩罚。本研究根据前人的相关研究成果(成向荣等,2012)以及《大小兴安岭生态功能区建设规划》的要求,设计了4种不同强度的择伐作业方式,即轻度择伐(10%)、中度择伐(20%)和重度择伐(30%)以及无采伐(0%),以探讨在满足一定木材生产目标的基础上实现增加森林碳储量目标的可行性。该规划模型的周期为 30 年，分期为 10 年，因此该规划问题的目标函数及约束条件可表示为：

$$\text{Max } Z = (NPV_{\text{timber}} + NPV_{\text{carbon}} - NPV_{\text{cutting}}) - NPV_{\text{penalty}} \tag{9-1}$$

满足

$$HV_t = \sum_{i=1}^{M} \sum_{j=1}^{N} A_i \cdot V_{ijt} \cdot X_{ijt} \quad \forall t \tag{9-2}$$

$$NPV_{\text{timber},t} = \sum_{i=1}^{M} \sum_{j=1}^{N} P_s \cdot (A_i \cdot V_{ijt} \cdot X_{ijt}) \quad \forall t, s \tag{9-3}$$

$$NPV_{\text{timber}} = \sum_{t=1}^{T} \frac{NPV_{\text{timber},t}}{(1+p)^{(t-0.5) \cdot TPL}} \tag{9-4}$$

$$TC_t = \sum_{i=1}^{M} \sum_{j=1}^{N} A_i \cdot Th_j \cdot X_{ijt} \quad \forall t \tag{9-5}$$

$$NPV_{\text{cutting}} = \sum_{t=1}^{T} \frac{TC_t}{(1+p)^{(t-0.5) \cdot TPL}} \tag{9-6}$$

$$CS = \sum_{i=1}^{M} \sum_{j=1}^{N} A_i \cdot C_{ijt} \cdot X_{ijt} \quad \forall t \tag{9-7}$$

$$NPV_{\text{carbon}} = \frac{P_c \cdot CS}{(1+p)^{THL}} \tag{9-8}$$

$$FSV = \sum_{i=1}^{N} \sum_{k=1}^{U_i} \frac{R_{ik} \cdot L_{tk}}{D_{ik}} (i \neq k) \tag{9-9}$$

$$NPV_{\text{penalty}} = \begin{cases} 0, & FSV < FSV_{\text{goal}} \\ a \cdot \sum_{t=1}^{T} (FSV - FSV_{\text{goal}}), & FSV \geq FSV_{\text{goal}} \end{cases} \tag{9-10}$$

$$(1-b) \cdot HV_{t-1} \leq HV_t \leq (1+b) \cdot HV_{t+1} \tag{9-11}$$

$$\sum_{k=1}^{U_i \cup S_i} A_k \cdot X_{kjt} + A_i \cdot X_{ijt} \leq A_{\max} \quad \forall i \tag{9-12}$$

$$\sum_{i=1}^{M} Age_{ijt} > Age_{\min} \quad \forall t \tag{9-13}$$

$$\sum_{t=1}^{T} x_{ijt} \leq 1 \quad \forall i \tag{9-14}$$

$$X_{ijt}, X_{kjt} \in \{0, 1\} \tag{9-15}$$

上述方程中，式(9-1)为该规划问题的目标函数，即以规划期内木材收获和碳储量的最大经济效益为目标，同时要求尽可能减少森林经营成本。在该规划模型中，木材收益均在每个分期的中间时刻进行贴现计算，而碳收益则均在规划期末进行贴现计算。式(9-2)用于计算每个规划分期收获蓄积；式(9-3)用于计算每个规划分期木材收获的贴现价值($NPV_{\text{timber},t}$)；式(9-4)计算整个规划期内木材收获的总经济价值(NPV_{timber})；式(9-5)计算每个规划分期对应的采伐成本；式(9-6)计算整个规划分期内总的采伐成本(NPV_{cutting})；式(9-7)计算规划期末整个森林的总碳储量；式(9-8)计算规划期末整个森林总碳储量的经济价值(NPV_{carbon})；式(9-9)计算整个森林经营方案中经营措施的空间聚集度值，即 FSV 值，具体计算方法见文献(Chen & Gadow, 2002)；式(9-10)计算整个森林经营方案因空间措施聚集分布所对应的惩罚值(NPV_{penalty})；式(9-11)约束了各分期收获蓄积的波动范围；式(9-12)为用户指定的最大连续采伐面积，采用Murray(1999)提出面积限制模型；式(9-13)确保满足最小采伐年龄限制，其目的是为抑制对中幼龄林过度、过早地人为干扰，从而影响该类型森林生态效益和经济效益的持续发挥；式(9-14)要求每个林分在规划周期内至多被采伐1次，同样也是出于保护森林资源结构和功能完整性的考虑；式(9-15)要求所有的决策变量必须为整数，即同一林分不允许有多种经营措施。各方程和约束条件中符号含义如表9-1所示。

表9-1 森林规划模型中各符号含义

符号	描述	符号	描述
i	某个经营单位	j	某种经营措施
t	某个经营分期	M	研究区域总林分数量
T	规划分期总数目	N	候选经营措施数量
p	贴现率值	P_c	碳价格
Th_j	第 j 种择伐活动成本	P_s	林型 s 的平均木材价格
$A_{\max}$	最大连续采伐面积	A_i, A_k	林分 i 和 k 的面积
TPL	规划分期的长度	FSV_{goal}	FSV 目标值
D_{ik}	相邻林分 i 与 k 的质心距离	L_{ik}	相邻林分 i 与 k 的公共边界长度
HV_t	第 t 规划分期总收获蓄积	TC_t	第 t 规划分期采伐成本
CS	规划期末林地剩余碳储量	$Age_{\min}^*$	假定的最小采伐年龄，因林型差异而显著不同
NPV_{cutting}	整个规划周期内采伐成本	NPV_{carbon}	规划期末林地剩余碳储量贴现收益
$NPV_{\text{timber},t}$	第 t 规划分期木材贴现收益值	NPV_{timber}	整个规划周期内木材贴现收益
U_i	与林分 i 相邻的所有林分的集合	S_i	与林分 U_i 相邻的所有林分的集合

(续)

符号	描述	符号	描述
a	用户设定的森林经营措施过度聚集惩罚值,假设为 10^6 元·FSV^{-1}	b	相邻规划分期内收获蓄积的波动范围,即 $HV_t \in [0.9HV_{t-1}, 1.1HV_{t+1}]$
Age_{ijt}	林分 i 在第 t 分期被第 j 种方式采伐后林分的年龄	V_{ijt}	林分 i 在第 t 分期采用第 j 种采伐方式时的收获蓄积
FSV	森林经营措施空间聚集度值	NPV_{pently}	规划期内经营方式空间聚集分布的惩罚函数值
X_{ijt}	为 0-1 型变量,当 $X_{ijt}=1$ 表示林分 i 在第 t 分期被第 j 中方式采伐,否则 $X_{ijt}=0$	R_{ik}	为 0-1 型变量,当 $R_{ik}=1$ 表示林分 i 与 k 具有相同的经营措施,否则 $R_{ik}=0$
k	某个与林分 i 相邻的邻接林分及其邻接林分的邻接林分,呈无限递归形式	C_{ijt}	林分 i 在第 t 分期采用第 p 种经营方式后,正常生长至规划期末的林地剩余碳储量

注：＊天然白桦林、阔叶混交林最小收获年龄假设为 41 年，天然落叶松林、针叶混交林和针阔混交林均假设为 61 年。

森林经营规划过程往往需要借助林分生长与收获模型预测各林分不同发展阶段的状态及其对经营措施的响应。为此，本研究采用张会儒等(2016)建立的模型进行模拟，这些模型均是基于长期森林资源连续清查数据，在相关经验或理论生长模型基础上拟合而来。该生长模型系统包括：平均树高生长模型(IIT)、平均胸径生长模型(DBH)、立地指数模型(SI)、林分密度指数模型(SDI)、SDI 动态生长模型、林分断面积生长模型(BAS)、林分蓄积生长模型(VOL)、生物量模型(BIO)和碳储量模型(CAR)等。根据上述描述可知，规划模型中所涉及的林分数量 M 为 6421 个，各林分候选经营措施数量 N 约为 12 个，规划分期数 T 为 3 个，因此这些参数相当于整个规划问题约有 12^{6421} 个候选解。最大连续采伐面积设为 100 hm^2，相当于可同时采伐大约 5 个小班。

由于销售市场木材价格往往会因不同树种、材种及规格的变化而异，本质上是一个极其复杂的经济现象，同时因现阶段还缺少必要的木材价格长期预测模型，因此本研究对该问题进行了适当简化，即以黑龙江省 2012 年各树种、材种及规格材的平均价格为基础开展相关研究。本研究假设：天然落叶松林木材价格为 1050 元·m^{-3}，天然白桦林为 1000 元·m^{-3}，针叶混交林为 1090 元·m^{-3}，阔叶混交林为 1170 元·m^{-3} 和针阔混交林为 870 元·m^{-3}。采伐成本则因不同择伐作业强度而异，3 种择伐作业采伐成本分别假设为 800 元·hm^{-2}、1200 元·hm^{-2} 和 1600 元·hm^{-2}。碳价格是影响森林规划结果和过程的关键因素，根据中国碳排放交易网统计数据，2014—2015 年间我国碳交易平均价格约为 25

元·t^{-1},而最高交易价格也仅为 50 元·t^{-1} 左右,因此本研究在采用这两个数值基础上,根据其他学者相关研究报道(Backeus et al.,2005),还测试了其他 15 种碳价格的影响(图 9-2)。此外,文中涉及的所有经济相关变量均按 3% 的贴现率进行折算。

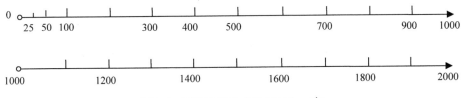

图 9-2　测试的碳价格区间(元·t^{-1})

9.1.2　优化参数

在经过一系列参数模拟后,本研究将模拟退火算法的初始温度、冷却温度、降温速率和每温度下重复次数分别设为 10^4、10、0.99、100,该参数集对应的单次优化过程可迭代 68800 次,也即约 6.9 万个可行的森林经营方案。因模拟退火算法的随机属性,不同价格下的森林规划情景均随机模拟 10 次,以其平均值作为分析和比较依据。所有目标解均在安装有 Windows 7 操作系统、2.6 GHz Core i5 处理器的个人笔记本电脑上完成,整个优化过程共耗时约 180 h。

9.2　结果与分析

9.2.1　经济收益

统计结果表明,随着碳价格的不断增加,规划期内总经济收益和碳收益均呈显著增加趋势,而木材收益则呈明显下降趋势。需要特别说明的是,由于规划模型中均衡收获以及经营方式空间分布等约束的限制,各种经济收益随碳价格的变化呈典型非线性趋势(图 9-3),其中总经济效益拟合关系式为 $NPV_{total} = 0.0002P_c^2 + 1.3413P_c + 2003.9$ ($R^2 = 0.9998$),木材效益拟合关系为: $NPV_{timber} = -0.0002P_c^2 - 0.1215P_c + 2101.6$ ($R^2 = 0.9852$),碳效益拟合关系为: $NPV_{carbon} = 0.0004P_c^2 + 1.4577P_c$ ($R^2 = 0.9997$)。当碳价格为 0 时,总经济收益为 $1982.90×10^6$ 元,而当碳价格分别为我国现行碳交易的平均价格(25 元·t^{-1})和最高价格(50 元·t^{-1})时,规划期末的总经济收益分别增加了约 2.06% 和 3.91%,此时木材收益在整个规划周期中的总收益占绝对主导地位。当碳价格为 1000 元·t^{-1} 时，规划模型获得的木材收益（1790.10×10^6 元）和碳收益（1828.38×10^6元）近似相等。当碳价格继续增加时，规划期内的木材收益则始终低于碳收益。在本研究测试的碳价格区间内，木材经济收益的比重则由最初的 104.72%（0 元·t^{-1}）下降到 22.32%（2000 元·t^{-1}），而碳收益则呈相反趋势。此外，由于碳价格的持续增加，整个规划周期内的木材收获量显著减小，因此对应的采伐成本也呈明显的下降趋势（图 9-4），其拟合关系式为 $NPV_{cutting}$ = (-9.00E-06)·P_c^2 - 0.0051 P_c + 92.832（R^2 = 0.9702），且所有规划情景中采伐成本占总经济收益的比例均较低，平均仅为 2.89% 左右。

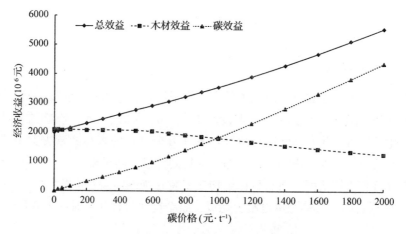

图 9-3 总经济、木材收益和碳收益随碳价格的变化

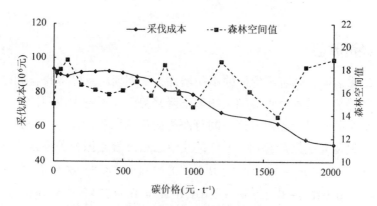

图 9-4 采伐成本和森林空间值随碳价格的变化

9.2.2 物质收获

规划期内木材收获量和期末碳储量也随碳价格变化呈典型非线性变化趋势

(图9-5),其中木材收获量拟合关系为 $HV = (-3E-07) \cdot P_c^2 - 0.0002P_c + 3.6235$ ($R^2 = 0.9839$;HV 单位为 $10^6 m^3$),而碳储量拟合关系为 $CS = (2E-07) \cdot P_c^2 + 0.0004P_c + 3.7241$ ($R^2 = 0.9700$;CS 单位为 $10^6 t$)。当碳价格小于 500 元·t^{-1} 时,规划模型获得的木材收获量和碳储量无显著变化,分别为 $3.56 \times 10^6 m^3$ 和 $3.82 \times 10^6 t$;但当碳价格大于 500 元·t^{-1} 时,随着碳价格的持续增加,规划模型获得的木材收获量下降趋势明显加快,而此时碳储量的增加趋势同样明显。此外,虽然随着碳价格持续增加,规划模型的采伐量显著减小,但森林经营措施空间分布 FSV 值却无显著变化(图9-4),始终维持在 16.77 左右,这可能是由于规划模型中包含了面积限制模型所致,该约束限制相同经营措施的最大连续经营面积(即使经营措施在空间上适度分散),从而有利于控制经营采伐对森林生态系统可能造成的潜在影响。

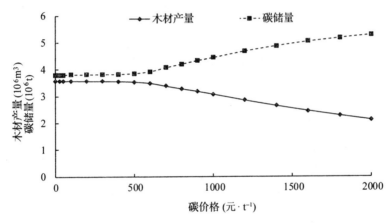

图 9-5 木材产量和碳储量随碳价格的变化

9.2.3 最适碳价格

图 9-4 和图 9-6 均表明碳价格对规划期末碳储量有显著影响,但确定能够促使森林碳储量增加的最低碳价格无疑在森林经营实践及生态效应补偿中更具现实意义。统计结果表明,盘古林场规划期初平均单位面积碳贮量为 37.06 t·hm^{-2};当碳价格为 0 时,规划期末单位面积碳贮量为 31.86 t·hm^{-2},较期初下降了约 14.03%;而当碳价格为当前现行碳交易价格时,规划期末单位面积碳贮量同样维持在 31.86 t·hm^{-2} 左右;而当碳价格继续增加且低于 100 元·t^{-1} 时,规划期末单位面积碳贮量仍明显低于期初单位面积碳贮量,但当碳价格继续增加且高于 1000 元·t^{-1} 时,规划期末单位面积碳贮量才呈显著增加趋势。因此,如果仅从经济角度考量,能够促使研究区域森林呈现出碳汇功能时的最低碳交

易价格应为 1000 元·t^{-1}，此时规划期末单位面积碳贮量较期初平均增加了约 0.15 t·hm^{-2}（图 9-6）。

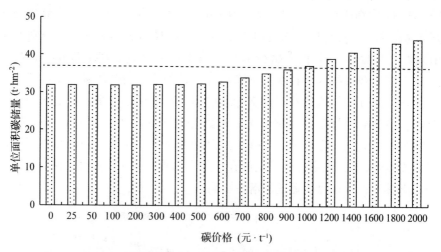

图 9-6　规划期末林地单位面积碳贮量随碳价格的变化

注：虚线表示规划期初单位面积碳贮量

9.2.4　典型经营方案

由于本研究涉及的碳价格情况较多，为此选取 5 个具有代表性的情景继续分析碳价格因素对规划结果的影响（表 9-2）。方案 1 假设碳价格为 0 元·t^{-1}，此时规划模型以整个周期内的最大化木材收获为目标；方案 2 和方案 3 则对应我国当前碳交易市场的平均价格（25 元·t^{-1}）和最高价格（50 元·t^{-1}），以分析当前市场碳价格对规划结果的影响；方案 4 采用碳价格 1000 元·t^{-1}，根据上述分析可知此时的木材收益和碳收益近似相等，且规划期末单位面积碳贮量与期初相比仅略有增加（0.40%）；方案 5 则代表另一种极端的情况，即碳价格为 2000 元·t^{-1}。各规划情境下最优森林经营方案对应的采伐小班数量及面积如表 9-2 所示。可以看出，无采伐小班数量和面积均随着碳价格的增加而显著减小，其中当碳价格为 0 元·t^{-1} 时，无采伐小班数量仅占 0.54%，而当碳价格为 2000 元·t^{-1} 时，该比例则增加到 22.44%。当碳价格相对较低（即 0 元·t^{-1}、25 元·t^{-1} 和 50 元·t^{-1}）时，各分期采伐小班数量及面积差异不大，但各分期内重度采伐小班数量均相对较高，其平均约占总采伐小班数量的 40.14%、30.52% 和 22.55%。当碳价格相对较高（即 1000 元·t^{-1} 和 2000 元·t^{-1}）时，各分期内重度择伐的小班数量及面积的差异明显增大，当碳价格为 1000 元·t^{-1} 时，各分期重度择伐小班数量约占总采伐小班数量的 25.76%、21.18% 和 21.18%；而当碳价格为 2000 元·t⁻¹ 时，各分期重度采伐小班数量则分别占总采伐小班数量的 10.39%、9.54% 和 6.63%。虽然在不同碳价格情景下，各规划分期不同经营方式采伐的小班数量及面积的分配比例不完全相同，但各分期总采伐小班数量和面积大致均等，从而保障规划结果满足收获均衡约束。各规划分期收获蓄积统计表明(图 9-7)，在上述 5 种规划情景中，各分期收获蓄积约占总收获蓄积的 34.62%、33.98% 和 31.40%，不同分期间木材收获量差异不超过 5%，进一步说明规划结果能够满足均衡收获约束。

表 9-2 最优森林经营方案采伐小班数量和面积统计

分期[a]	方式[b]	碳价格(元·t⁻¹)									
		0		25		50		1000		2000	
		数量	面积 (hm²)	数量	面积 (hm²)	数量	面积 (hm²)	数量	面积 (hm²)	数量	面积 (hm²)
非林地		280	4055	280	4055	280	4055	280	4055	280	4055
无采伐		33	612	32	594	31	546	406	8281	1378	26763
1	1	3	35	2	45	8	140	185	3656	568	10142
1	2	166	3264	168	3125	179	3443	833	14416	898	15144
1	3	2458	40836	2461	40801	2478	41074	1582	25029	638	10077
2	1	—	—	5	106	1	26	92	2118	366	7440
2	2	56	1184	50	1039	49	1070	354	7705	525	10415
2	3	1891	37448	1881	37549	1851	36795	1301	26470	586	11460
3	1	13	332	24	644	13	310	95	2371	310	7375
3	2	134	3339	143	3433	138	3238	354	7163	465	10959
3	3	1387	32302	1375	32043	1393	32737	1301	22170	407	9604

注：a，数字 1~3 分别代表 3 个不同的规划分期；b，数字 1~3 分别代表 3 种不同的择伐强度，即轻度择伐、中度择伐和重度择伐。

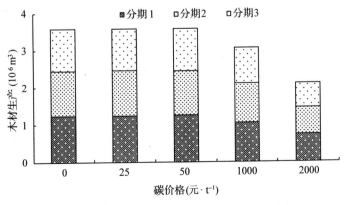

图 9-7 最优森林经营方案各分期收获蓄积分布

9.3 讨论与结论

9.3.1 讨 论

现阶段主要存在两种有效地方式可将碳目标整合到森林规划模型中，分别为以过程为导向策略和以结果为导向策略。前者通常以规划周期内碳储量的增量为目标（Backeus et al., 2005；Bourque et al., 2007；Keles & Baskent, 2007；戎建涛等，2012），但由于中幼龄林的固碳速率要显著高于成过熟林，因此规划结果可能会促使整个森林朝着中幼龄林的方向发展。而后者则往往以规划期末林地剩余碳储量为目标（Dong et al., 2015），但鉴于成过熟林分碳储量往往会显著高于中幼龄林，因此规划结果理论上会促使整个森林朝着成过熟林的方向发展，但现阶段关于这两种策略的比较研究还鲜有报道。本研究所建立的规划模型仅以规划期末森林剩余碳储量为目标，而未考虑森林内其他成分碳储量，如土壤碳储量虽然占森林生态系统总碳储量的45%以上（Pan et al., 2011），但因现阶段还缺乏必要的预测模型，因此将其加入森林规划模型中还存在较大困难；同样，灌草层碳储量在整个森林生态系统中也起重要作用，但其往往具有较高的空间异质性，进而也难以建立有效地预测模型，因此可待条件成熟后逐渐将其加入森林规划模型中。

规划期内获得的木材也能够储存大量的碳。董利虎等（2015）研究表明东北地区主要林型的生物量-蓄积平均换算系数为 $0.56\ t\cdot m^{-3}$，因此若将碳储量-生物量换算系数进一步假设为0.5，则本研究规划期内收获木材的平均碳储量约为 $0.89\times10^6\ t$。然而，所有木材产品均具有一定的生命周期（Backeus et al., 2005），即会随着使用时间的延长而损坏、腐朽进而释放一定的碳，因此在今后研究中可将木材产品的碳释放加入规划模型中。根据该地区具体森林经营实践可知，除择伐作业方式外，抚育和间伐在当地森林经营中也具有重要地位。但鉴于现阶段还缺乏必要地能够定量模拟不同间伐方式和强度对林分生长与收获过程影响的预估模型，因此现阶段还不具备将其加入规划模型中的条件。待这方面知识、理论和技术发展成熟以后，可在规划模型中考虑间伐和抚育过程的作用。

大兴安岭地区森林往往具有较长的经营周期，因此开展长期森林经营规划研究已成为今后发展趋势。针对该问题，森林经营决策人员首先需着重解决林分未来发展动态地精确预测技术以及气候变化等因素可能对森林造成的潜在影响，但现阶段这些问题均很难实现。因此，本研究选择了一个相对较短的规划周期(30年)。在此期间内,林型变化以及气候等因素可暂时忽略,而林分其他状态则可通过现有模型实现合理预测。因此,待上述问题得到有效解决后,可逐渐开展长期森林经营规划研究。最后,需要特别说明的是,本研究中所有模拟方案的生成均是在 VB 6.0 所开发的软件平台上实现的。因 VB 语言的执行效率相对较低,本研究中单次优化过程平均耗时约 55.48 ± 3.97 min,但 Bettinger 等(2005)研究表明若采用其他语言(如 C++)重写该类程序,则算法的优化速度将能够提高约 20 倍左右。

9.3.2 结 论

(1) 规划期末总经济收益和碳收益均随着碳价格的增加呈显著增加趋势,而木材收益和采伐成本则呈显著下降趋势。然而,由于规划模型中各种空间和非空间约束条件的限制,各种经济收益随碳价格的变化呈典型非线性关系,这与 Backéus 等(2005)研究结果一致。与之对应的是,规划期内木材产量和期末碳储量也表现出相同的变化趋势,但森林经营措施时空分布的 FSV 值则不受碳价格影响。

(2) 与碳价格为 0 元·t^{-1} 时的规划结果相比,当碳价格为我国当前现行碳交易的平均(25 元·t^{-1})和最高(50 元·t^{-1})价格时,规划期末的总经济收益分别增加了约 2.06% 和 3.91%,而规划期内获得的木材产量和期末碳储量却无显著差异。

(3) 如果仅从经济角度考虑,则能够使规划期末单位面积碳贮量增加的最低碳价格应为 1000 元·t^{-1},此时规划结果获得的木材收益和碳收益大致均等,且规划期末碳储量较期初增加了约 0.40%,因此该值理论上可作为当地森林碳汇效益生态补偿的标准。

(4) 碳价格显著影响各规划分期不同择伐方式采伐的小班数量及面积的分配比例。概括来说,当碳价格相对较低时,各分期内重度择伐小班数量明显较高;而当碳价格持续增大时,各分期内不同择伐方式所采伐小班数量和面积则趋于均匀,但其均能够满足均衡收获的约束。

第 10 章
约束形式对森林空间经营决策的影响

森林经营规划不仅能够为林业企业制定符合各种经营目标和约束限制的最优经营方案，还可用于定量分析森林经营决策过程中潜在的不确定性和风险，如调查误差、模型预测误差、林木产品价格波动、决策者偏好、自然灾害以及气候变化等因素的影响(Pasalodos-Tato et al., 2013; Bettinger et al., 2013)。近几十年来，社会对森林经营的关注已从传统的木材生产逐渐转变为森林的生态系统服务和娱乐价值。但森林生态系统的众多生态服务或功能间往往又存在着复杂的权衡或协调关系(Cademus et al., 2014)。因此，在传统的收获安排模型中进一步考虑各种生态服务价值可能会使模型变得更复杂，而难以有效求解。

近些年来，森林生态系统在缓解全球气候变化方面的作用正受到越来越多的重视，如 2015 年全球约 200 个国家/地区通过的《巴黎协定》。理论上，每一个通过了《巴黎协定》的国家或地区合适的政策和积极地应对措施来减少碳释放，或阻止采伐和森林退化，或通过积极地管理来增加森林碳汇，但森林的碳汇与木材生产又是一个典型的矛盾体，因此如何将森林的碳汇目标整合到传统的经营规划模型中一直是国内外学者研究的难点和热点。如 Baskéus 等(2006)、Bourque 等(2007)、Hennigar 等(2008)、Raymer 等(2011) 和 Chen 等(2011)先后尝试采用线性规划或目标规划的方法将碳目标整合到传统的收获安排模型中；Krcmar 等(2005)、Baskent 等(2009) 则进一步在线性规划模型的基础上将除碳汇和木材以外的其他生态服务功能或价值整合到经营规划模型中。这些虽然增加了人们对不同森林生态系统服务功能间权衡关系的认知，但其并未考虑空间约束条件对这些权衡关系的影响．显然地，当对某个特定小班进行经营时，其势必会对该小班的相邻小班产生影响，例如若皆伐小班则会增加其相邻小班遭受风灾的概率(Zeng et al., 2007; DuPont et al., 2015)或增加其相邻小班树木被砸伤甚至砸到的可能性(Behjou, 2014)。因此，不考虑经营措施空间约束的规划模型是很难实现森林多种生态效益持续发挥的。

第10章 约束形式对森林空间经营决策的影响

根据是否包含空间信息，森林经营规划通常可分为空间规划模型和非空间规划模型。其中，非空间规划模型主要应用于连续型变量，而空间规划模型则主要应用于整数型变量，也即如果某个林分被安排采伐，则其决策变量为 1；若不采伐，则决策变量为 0。现阶段已经有很多方式可将空间约束整合到经营规划模型中(McDill & Braze, 2000)，但单位限制模型(URM)和面积限制模型(ARM)无疑是应用最为广泛的(Bettinger et al., 2002；Crowe & Nelson, 2005；Tóth et al., 2013；Borges et al., 2015)。理论上来说，URM 和 ARM 的适用环境存在一定的差异，但主要取决于经营者允许的最大连续皆伐面积(maximum opening area，MOA)和经营单位的平均小班面积两项指标(Murray, 1999)。一般情况下，如果经营单位的平均小班面积接近于经营者所规定的 MOA，则应优先采用 URM 方法；若 MOA 显著大于经营单位小班的平均面积，则应优先使用 ARM 方法(Murray, 1999)。理论上，可认为 URM 模型是 ARM 模型的一个特例，因此 ARM 模型较 URM 模型更复杂、更难以求解。现阶段，国内外学者已经评估了各种邻接约束对森林经营规划中诸如经济收益和物质产品收获(Boston & Bettinger, 1999；Tóth et al., 2013)、野生动物生境保护(Bettinger et al., 2002)、森林景观结构与维持(Baskent & Jordan, 2002)、水源涵养(Baskent & Keles, 2009)等方面的影响。仅 Dong 等(2015)评估了不同龄级结构对森林空间经营规划中碳汇和木材生产的影响，但并未考虑不同空间约束形式的作用。

因此，本章的核心目标是定量评估一系列经济和生态约束对最优经营单位尺度森林碳汇和木材生产的影响，旨在回答以下 2 个科学问题：①是否存在一个碳价格的阈值能够有效平衡森林碳汇和木材生产间的矛盾；②空间约束对森林碳汇木材复合经营的影响要显著大于非空间约束。在本章的所有分析中，假定规划周期均为 50 年，且各分期产生的碳汇和木材收益均按净现值进行评估。

10.1 材料与方法

10.1.1 木材生产目标

林木生长过程采用 Wang(2012)建立的林分级生长与收获模型进行预测，包括立地指数模型、直径生长模型、树度生长模型、株数密度模型、断面积生长模型和蓄积模型(图 10-1)。各材种材积根据林分蓄积、采伐强度和材种出材率表(DB23/T 870—2004)进行预测，其中材种出材率表根据树种、立地以及直径而异。森林经营中的经济效益取决于木材收益和经营成本。木材价格采用黑龙江省 2012 年的立木指导价格，而采伐成本和管理成本分别假设为 9.08 美元·

m^{-3} 和 4.54 美元·hm^{-2}。所有的收益和成本均按 3% 的贴现率将各时期的现值转换为贴现值(Baskent & Keles, 2009; Dong et al., 2015)。因此,整个规划周期内与木材生产相关的数学公式可描述为:

$$HV_{tk} = \sum_{i=1}^{M} \sum_{j=1}^{N} P_{itk} \cdot (A_i \cdot V_{ijt} \cdot X_{ijt}) \quad \forall t, k \quad (10\text{-}1)$$

$$HV = \sum_{t=1}^{T} HV_t = \sum_{t=1}^{T} \sum_{k=1}^{K} HV_{tk} \quad (10\text{-}2)$$

$$PV_t^{\text{timber}} = \sum_{k=1}^{K} PV_{tk}^{\text{timber}} = \sum_{k=1}^{K} (Pr_{itk} - Lc) \cdot HV_{tk} \quad \forall t \quad (10\text{-}3)$$

$$NPV^{\text{timber}} = \sum_{t=1}^{T} \frac{PV_t^{\text{timber}}}{(1+p)^{(t-0.5) \cdot TPL}} \quad (10\text{-}4)$$

式中:M 为小班数量;i 表示某个小班;N 为候选经营措施数量;j 表示某种经营措施;K 表示木材材种数量;k 表示锯材、矿柱和薪材中的一种;A_i 表示林分 i 的面积;V_{ijt} 表示第 i 个林分第 t 分期采用第 j 种经营措施时收获的蓄积;X_{ijt} 表示第 i 个林分是否在第 t 分期采用第 j 种经营措施。P_{itk} 表示第 i 个林分在第 t 分期收获的第 k 个材种的蓄积比例,且因不同的林分年龄和平均直径而异;HV_{tk} 表示第 t 个分期收获的第 k 个材种的蓄积;HV_t 表示第 t 个分期收获的所有材种的蓄积;HV 表示整个规划期内收获的蓄积总量;L_c 表示采伐成本;Pr_{itk} 表示第 i 个小班第 k 个材种在第 t 分期时的价格;PV_{tk}^{timber} 表示第 t 个分期收获的第 k 个材种的木材现值;PV_t^{timber} 表示第 t 个分期的木材收益现值;TPL 表示规划分期长度;p 表示贴现率(%);NPV^{timber} 表示整个规划周期内木材的经济收益。

T_0 和 D_0 表示各林分类型的基准年龄和直径;SCI 和 SDI 为林分地位指数和密度指数;T、Dg、HT、N、BAS 和 VOL 分别为林分年龄(a)、平均胸径(cm)、

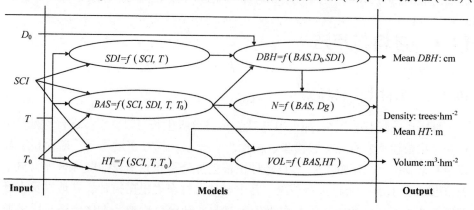

图 10-1 林分生长与收获模型示意图(王鹤智,2012)

平均树高(m)、株数密度(trees·hm^{-2})、林分断面积(m^2·hm^{-2})和林分蓄积(m^3·hm^{-2})。

式(10-1)用于计算第 t 分期第 k 个材种的材积；式(10-2)首先计算各材种在第 t 分期第 k 个材种的材积 HV_{tk}，然后再计算第 t 个分期的材积(HV_t)，最后用于计算整个规划分期内的材积(HV)；式(10-3)分别用于计算第 t 个分期第 k 个材种的收益现值 PV_{tk}^{timber} 以及第 t 个分期所有材种的收益现值(PV_t^{timber})；式(10-4)用于计算整个规划分期内总的木材收益(NPV^{timber})。需要强调的是，整个规划分期内所有的木材收益和成本均在各分期的中间时刻(即第 1，2，…，N 个 5 年时)进行贴现。

10.1.2 碳汇目标

碳汇过程受活立木层、土壤层以及木材产品等多个碳库的影响，因此精准量化森林生态系统内全部的碳储量和碳汇是相当困难的。鉴于土壤层和林下植被层(如灌木层、草本层)碳储量的巨大不确定性以及空间异质性的特点，因此这部分碳库所引起的碳汇和碳储量的变化均不考虑。此外，因缺乏科学可靠的木材分解数据和模型，林木产品的碳释放过程也忽略不计。综上，本章所考虑的碳库仅包括林分中直径 > 5 cm 的乔木层所含的地上和地下碳储量和碳汇量。在林分级生长与收获模型的基础上(王鹤智，2012)，各林型活立木生物量的估计均在林分蓄积的基础上采用固定的生物量扩展因子方法(董利虎，2015)，其中天然落叶松林为 0.8992、天然白桦林为 0.9518、针叶混交林为 0.7896、针阔混交林为 0.9284、阔叶混交林为 1.1389。活立木碳储量则进一步在活立木生物量的基础上乘以 0.45 获得。因而各分期净碳汇量(Δ_t)定义为：第 t 分期和第 $t-1$ 分期林地上活立木碳储量的差值。显然，若 Δ_t 为正值，则表示在规划期内经营单位森林为碳汇；否则，则为碳源。规划分期内，碳汇收益净现值由碳汇量、碳价格和贴现率综合确定。为了计算方便，假设规划期内碳价格始终保持不变。因此，整个规划周期内与碳汇有关的数学公式可表示为：

$$CS_t = \sum_{i=1}^{M} \sum_{j=1}^{N} A_i \cdot C_{ijt} \cdot X_{ijt} \quad \forall\, t \tag{10-5}$$

$$\Delta_t = CS_t - CS_{t-1} \quad \forall\, t \tag{10-6}$$

$$PV_t^{\text{carbon}} = P_c \cdot \Delta_t \quad \forall\, t \tag{10-7}$$

$$NPV^{\text{carbon}} = \sum_{t=1}^{T} \frac{PV_t^{\text{carbon}}}{(1+p)^{(t-0.5)\cdot TPL}} \tag{10-8}$$

式中：C_{ijt} 表示第 i 个林分在第 t 分期采用第 k 种经营措施后林地上的活立木碳

储量；CS_t 和 CS_{t-1} 分别表示第 t 和 $t-1$ 分期时林地上活立木碳储量；Δ_t 表示第 t 和 $t-1$ 分期内林地活立木的净碳汇/源量；Pc 表示碳价格（美元·t^{-1}）；PV_t^{carbon} 表示第 t 分期时碳汇收益现值；NPV^{carbon} 表示整个规划周期内的碳汇收益。式（10-5）用于计算第 t 分期时林地上的活立木碳储量（CS_t）；式（10-6）用于计算第 t 分期时的净碳汇量（Δ_t），即第 t 分期和 $t-1$ 分期时林地上活立木碳储量的差值；式（10-7）用于计算第 t 分期内碳汇收益的现值（PV_t^{carbon}）；式（10-8）用于计算整个规划周期内碳汇收益的净现值（NPV^{carbon}）。

10.1.3 目标函数

整个经营规划模型以 50 年（10 个分期）内森林碳汇和木材复合经营的最大经济收益为目标。规划期内木材产量和碳汇量均按小班进行计算。参照研究区域当前管理实践，候选的经营措施包括 4 种不同强度的择伐方式，即低强度（10%）、中强度（20%）、重强度（30%）以及不采伐（0%）。为了模拟和计算方便，采伐作业活动、生长预测均在各规划分期进行。最小采伐年龄依据不同林分类型而异，其中天然落叶松林、针叶混交林和针阔混交林均价设为 60 年，而天然白桦林和阔叶混交林则假设为 40 年。规划模型中所涉及的约束条件主要包括收获均衡约束、期末碳存量约束、空间约束、最小收获年龄约束、采伐次数约束和整数约束。具体形式如下：

$$\text{Max } Z = NPV^x \tag{10-9}$$

满足：

$$B_l HV_{t-1} \leq HV_t \leq B_h HV_{t+1} \quad t = 1, 2, \cdots, T-1 \tag{10-10}$$

$$\sum_{t=1}^{T} CS_t \geq CS^* \tag{10-11}$$

$$A_i \cdot X_{ijt} + \sum_{k \in N_i \cup S_i} \sum_{m=1}^{T_m} A_k \cdot X_{kjm} \leq U_{max} \quad \forall i \tag{10-12}$$

$$\sum_i^M Age_{ijt} \geq Age_s^{min} \quad \forall t, j \tag{10-13}$$

$$\sum_{t=1}^{T} X_{ijt} \leq 1 \quad \forall i \tag{10-14}$$

$$X_{ijt} \in \{0, 1\} \tag{10-15}$$

式中：Z 为森林碳汇和木材经营的复合经济收益；x 代表木材和碳汇中的某一个，或者木材和碳汇的复合收益；B_l 为均衡收获约束中允许波动范围的下限；B_h 为均衡收获约束中允许波动范围的上限；CS^* 代表规划期内用户期望的碳汇量目标；k 为林分 i 的邻接林分或者其邻接林分的邻接林分；N_i 为林分 i 的所有邻接林分的集合；S_i 为 N_i 的所有邻接林分的集合，呈明显的递归形式；t 表示规划分期；T_m 表示规划分期 t 的所有邻接分期，即绿量约束。对于 2 个分期的绿量约束而言，$T_m \in \{m_1=t-2, m_2=t-1, m_3=t, m_4=t+1, m_5=t+2\}$，如果 $m_z < 0$，则 $T_m = 0$，如果 $m_z > T$，则 $T_m = T$；U_{max} 为允许的最大连续采伐面积；Age_{ijt} 为林分 i 在第 j 种采伐方式作用下生长至第 t 年时的林分年龄；Age_s^{min} 为林分类型 s 的最小采伐年龄。

上述公式中，式(10-9)为目标函数，用于计算规划期木材和碳汇的净经济收益；式(10-10)主要用于约束相邻分期内收获木材的波动范围，本研究限定为20%；式(10-11)表示规划期内期望的最低碳汇量；式(10-12)表示经营措施的时空分布应满足面积限制模型的要求；式(10-13)用于约束各林型的最小采伐年龄；式(10-14)要求每个林分在整个规划分期内至多被采伐 1 次；式(10-15)则要求所有的决策变量均应为 0-1 型。

10.1.4　模拟情景

为了定量模拟不同经济和空间约束对规划结果的影响，在上述规划模型的基础上构建了 4 类 16 种不同的经营策略。第一大类指碳汇管理策略(CMS)，即以实现规划期内森林碳汇收益的最大化为目标(情景 C1-C4)；第二大类指木材管理策略(TMS)，主要以实现规划期内森林木材生产效益的最大化为目标(情景 T1-T4)；第三大类指多目标管理策略(MMS)，主要以实现规划期内森林木材生产和碳汇的综合效益最大化为目标(情景 M1-M4)；这三类管理策略均需满足基础约束、收获均衡约束和绿量约束(0 和 2 个分期)。第四类指资源约束型管理策略(RMS)，其经营目标是在满足最低碳汇目标的基础上实现森林木材生产和碳汇的综合效益最大化。碳汇目标的设定按公式：

$$CS^* = CS(M4) + \beta \times Abs[CS(C4) - CS(T4)] \quad (10\text{-}16)$$

式中：CS^* 为设定的碳汇目标；$CS(M4)$ 为情景 M4 的碳汇量；$CS(C4)$ 为情景 C4 的碳汇量；$CS(T4)$ 为情景 T4 的碳汇量；β 为经营者期望的碳汇增长量目标，分别取值 20%、40%、60% 和 80%。各种经营策略的目标函数、碳汇量目标、绿量约束和其他约束如表 10-1 所示。

表 10-1　各种经营策略概览

情景	目标函数	碳汇目标(10^6 t)	绿量约束	其他约束
C1	max NPV^{carbon}			式(10-13)~(10-15)
C2	max NPV^{carbon}			式(10-10),(10-13)~(10-15)

(续)

情景	目标函数	碳汇目标(10^6 t)	绿量约束	其他约束
C3	max NPV^{carbon}		0分期	式(10-10),(10-12)~(10-15)
C4	max NPV^{carbon}		2分期	式(10-10),(10-12)~(10-15)
T1	max NPV^{timber}			式(10-13)~(10-15)
T2	max NPV^{timber}			式(10-10),(10-13)~(10-15)
T3	max NPV^{timber}		0分期	式(10-10),(10-12)~(10-15)
T4	max NPV^{timber}		2分期	式(10-10),(10-12)~(10-15)
M1	max $NPV^{timber} + NPV^{carbon}$			式(10-13)~(10-15)
M2	max $NPV^{timber} + NPV^{carbon}$			式(10-10),(10-13)~(10-15)
M3	max $NPV^{timber} + NPV^{carbon}$		0分期	式(10-10),(10-12)~(10-15)
M4	max $NPV^{timber} + NPV^{carbon}$		2分期	式(10-10),(10-12)~(10-15)
R1	max $NPV^{timber} + NPV^{carbon}$	$CS^* \geq 1.26^a$	2分期	式(10-10)~(10-15)
R2	max $NPV^{timber} + NPV^{carbon}$	$CS^* \geq 1.58^b$	2分期	式(10-10)~(10-15)
R3	max $NPV^{timber} + NPV^{carbon}$	$CS^* \geq 1.90^c$	2分期	式(10-10)~(10-15)
R4	max $NPV^{timber} + NPV^{carbon}$	$CS^* \geq 2.20^d$	2分期	式(10-10)~(10-15)

注：a, T4+20%的情景C4和T4碳汇量的差值；b, T4+40%的情景C4和T4碳汇量的差值；c, T4+60%的情景C4和T4碳汇量的差值；d, T4+80%的情景C4和T4碳汇量的差值。

碳价格通常会显著影响森林碳汇和木材复合经营规划结果（Backéus et al., 2006; Raymer et al., 2011）。情景为M4最符合我国森林经营的实际情况，因此本研究在情景M4的基础上定量模拟8种不同碳价格（即0、20、60、100、200、300、400和500美元·t^{-1}）对规划结果的影响。当碳价格为0美元·t^{-1}时，表示在实际的森林经营中不考虑碳汇收益；当碳价格为20美元·t^{-1}时，该情景与我国当前碳市场的实际交易价格接近；而碳价格为60、100、200、300、400和500美元·t^{-1}时，这些均表示较高的碳价格情景（Backéus et al., 2006）。

针对该规划问题的优化求解仍采用传统的模拟退火算法进行，具体详见9.1.3节，此处不再赘述。模拟退火算法的4个参数分别设置为：初始温度 = 10000、终止温度 = 10、冷却速率 = 0.995、每温度下交互次数 = 300，单次模拟将进行413700次有效迭代。为了最小化模拟退火算法的参数效应，每种模拟情景均重复10次，以期最大目标函数为基础进行评价和分析（Bettinger et al., 2002; Strimbu & Paun, 2012; Dong et al., 2015）。

第10章
约束形式对森林空间经营决策的影响

10.2 结果与分析

10.2.1 碳价格的影响

以模拟情景 M4 和 3% 的贴现率为基础,系统评价了不同碳价格对森林碳汇和木材生产复合经营的影响(表 10-2)。结果表明:当碳价格为 0 美元·t^{-1} 时,规划期内总经济收益为 232.58×10^6 美元;当碳价格为 20 美元·t^{-1} 和 60 美元·t^{-1} 时,规划期内经济收益可分别增加到 243.15×10^6 美元 和 265.48×10^6 美元,其总经济收益较碳价格为 0 美元·t^{-1} 时的情景增加了约 4.54% 和 14.15%;当碳价格继续从 100 美元·t^{-1} 增加到 500 美元·t^{-1} 时,规划期内总经济收益可增加 1~3 倍,但木材收益所占比例从 100%(0 美元·t^{-1})逐渐降低到 8.14%(500 美元·t^{-1}),而碳汇收益及其比例则呈显著的增加趋势。整个规划期内,总经济

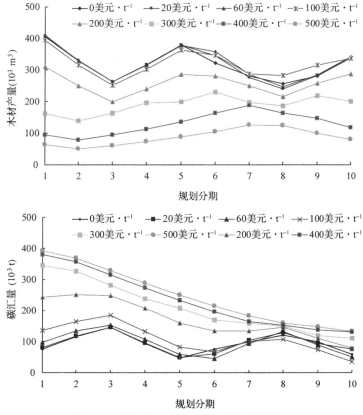

图 10-2 碳价格对木材产量和碳汇量的影响

表 10-2 碳价格对规划期内木材生产和碳汇量的影响

变量	碳价格(美元·t^{-1})							预测模型	
	0	20	60	100	200	300	400	500	函数	R^2
净收益(10^6 美元)	232.58	243.15	265.48	292.39	378.74	489.79	614.40	746.87	$Y=0.0009x^2+0.5776x+229.48$	0.9996
木材净收益(10^6 美元)	232.58	233.72	235.71	232.82	190.52	135.29	90.48	60.83	$Y=260.076/[1+0.080 \times \exp(0.776x/100)]$	0.9902
碳净收益(10^6 美元)	0.00	9.42	29.77	59.57	188.21	354.50	523.92	686.03	$Y=0.0012x^2+0.8106x-14.014$	0.9970
木材产量(10^6 m^3)	3.17	3.17	3.21	3.19	2.57	1.89	1.29	0.87	$Y=3.560/[1+0.086 \times \exp(0.745x/100)]$	0.9890
碳汇量(10^6 t)	0.93	0.95	0.96	1.09	1.71	2.11	2.34	2.46	$Y=2.722/[1+2.341\times\exp(-0.655 x/100)]$	0.9830
碳储量(10^6 t)	5.24	5.27	5.27	5.40	6.02	6.42	6.65	6.77	$Y=7.724/[1+0.509\times\exp(-0.275 x/100)]$	0.9730
择伐面积(10^3 hm^{-2})	101.26	101.08	101.48	100.47	93.18	82.19	65.61	49.73	$Y=-0.0002x^2-0.0045x+101.88$	0.9974
轻度择伐(10^3 hm^{-2})	0.94	1.07	1.00	1.81	10.62	22.52	29.13	28.50	$Y=29.37/[1+78.01\times\exp(-1.88 x/100)]$	0.9978
中度择伐(10^3 hm^{-2})	4.29	3.38	4.12	8.29	33.51	39.56	28.63	18.37	$Y=-0.0004x^2+0.2381x-2.6339$	0.8525
重度择伐(10^3 hm^{-2})	96.03	96.64	96.36	90.37	49.05	20.12	7.86	2.86	$Y=103.499/[1+0.042 \times \exp(1.562x/100)]$	0.9942

注:基本逻辑斯蒂函数是 $Y=a/[1+b \cdot \mathrm{Exp}(-c \cdot x)]$,式中:$x$ 和 Y 分别是独立自变量和因变量;$a\sim c$ 是估计参数;R^2 表示拟合模型的决定系数。

收益、碳汇收益均随碳价格的增加呈显著的多项式关系，而木材收益则随着碳价格的增加呈显著的负向逻辑斯蒂函数，其确定系数 R^2 值均大于 0.99。

当碳价格介于 $0\sim100$ 美元·t^{-1} 时，规划期内木材产量、碳汇量和碳储量的差异不显著；但当碳价格继续增加时，规划期内木材产量呈显著的下降趋势，而碳汇量和碳储量则呈显著的增加趋势。规划期内木材产量、碳汇量和碳储量均随着碳价格的增加呈明显的逻辑斯蒂趋势，其拟合系数 R^2 值均大于 0.95；当碳价格为 0 美元·t^{-1}，规划期内采伐面积约为 101.26×10^3 hm^2，占林地总面积的 82.01%；在所有采伐林分中，重度择伐面积约占总采伐面积的 96.03%，而低强度和中强度择伐面积所占比例仅为 0.94% 和 4.29%。当碳价格介于 $20\sim100$ 美元·t^{-1} 时，规划期内采伐面积及其分配格局与碳价格为 0 美元·t^{-1} 的差异不显著。当碳价格为 300 美元·t^{-1} 时，规划期内总采伐面积显著降低，但各种择伐强度的采伐作业面积近似相等；当碳价格继续增加到 500 美元·t^{-1} 时，规划期内总采伐面积继续降低，仅约占总林地面积的 40.29%，但低强度择伐面积显著高于中度和重度择伐。规划期内总择伐面积和中度择伐面积均随着碳价格的增加呈多项式关系（R^2 = 0.9974、0.8525），而中度（R^2 = 0.9978）和重度（R^2 = 0.9942）择伐面积则均呈明显的负向逻辑斯蒂曲线。

情景 M4 整个规划期内的木材产量和碳汇量动态如图 10-2 所示。可以看出，各分期内木材产量随着碳价格的增加呈显著降低趋势，但当碳价格介于 $0\sim100$ 美元·t^{-1} 时，不同碳价格间每个分期的木材产量差异不显著。但随着碳价格的继续增加，各分期木材产量显著低于碳价格为 0 美元·t^{-1} 时的情景。但无论何种碳价格，相邻分期间的木材产量均符合均衡收获约束。对碳目标而言，当碳价格介于 $0\sim100$ 美元·t^{-1} 时，不同情景间各分期碳汇量差异也不显著；但当碳价格继续增加时，各分期碳汇量均呈显著的下降趋势。无论何种碳价格，第 1 分期的碳汇量约是第 10 分期的 3 倍。

10.2.2 约束条件的影响

当碳价格为我国 2014—2017 年碳市场的平均交易价格（20 美元·t^{-1}）时，不同约束条件对规划期内各种经营目标和作业活动的影响如图 10-3 所示。对情景 C1-C4 而言，规划期内各经营目标和经济收益间的差异均不显著；对情景 T1-T4 而言，T1 情景所产生的总经济收益显著高于其他情景，而均衡约束（情景 T2）对规划结果的影响最大，其经济收益较 T1 情景显著降低了约 29.34%；与情景 T2 相比，邻接约束（情景 T3）对规划结果的影响不够明显，这可能是由于本研究中空间约束相对较为宽松所致；当空间约束变得更为严格时（情景 T4），其经济收益较 T3 继续减少了约 17.87%。情景 M1-M4 的总经济收益与情

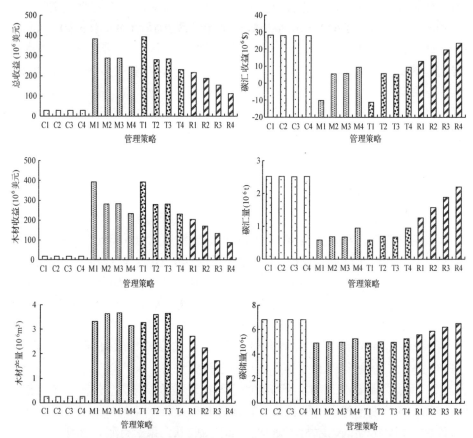

图 10-3 各管理策略中不同约束对木材产量、碳汇量和经济收益的影响

注：C、M、T 和 R 分别表示碳汇管理策略、多目标管理策略、木材生产策略、资源约束条件；数字 1~4 分别代表表 10-1 种所列的不同约束条件。

景 T1-T4 相接近，可能是由于模拟的碳价格相对较低所致，其规划期内情景碳汇收益却与情景 M1-M4 完全相反，呈显著的增加趋势。对情景 R1-R4 而言，随着最低碳汇目标的持续增加，规划期内的木材收益显著降低、而碳收益呈显著增加趋势。需要特别说明的是，除了情景 T1 和 M1 的碳汇收益外，其余各种模拟情景均能产生显著经济收益和碳汇效应，这表明情景 T1 和 M1 所制定的采伐方案是极其不合理的。

不同模拟情境下，规划期内木材产量、碳汇量和碳储量的变化如图 10-3 所示。可以看出，各种物质量的变化与其对应的经济收益较为一致。当仅考虑碳汇收益时，情景 C1-C4 所产生的经营方案间无显著差异；对 TMS(情景 T1-T4) 和 MMS(情景 M1-M4) 管理策略而言，情景 T3 和 M3 对应的木材产量最高，而情景 T4 和 M4 所对应的木材产量最低；规划期内碳汇量整体随着模型复杂程度的增加呈显著增加趋势，但不同情景间的碳储量却无显著差异。类似地，随着最小碳汇目标的增加（情景 R1-R4），规划期内木材产量显著降低，而碳汇量和碳储量却呈显著的增加趋势。

对每种模拟情景，各规划分期内木材产量、碳汇量和碳储量的变化如图 10-4 所示。对情景 C1-C4 而言，各分期木材产量呈显著增加趋势，而碳汇量却呈

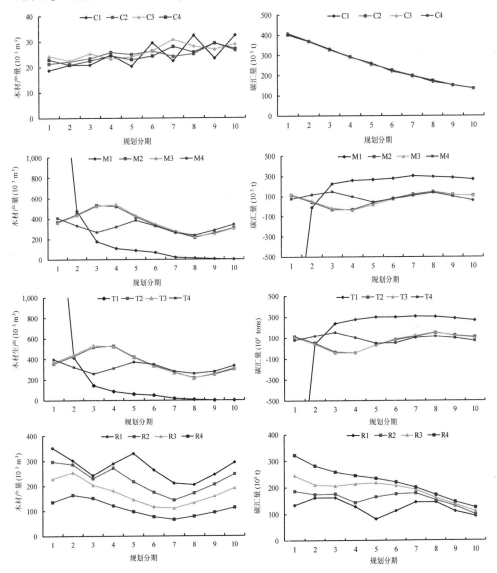

图 10-4　不同管理策略下各种约束条件对木材产量（左）和碳汇量（右）的影响

显著降低趋势,但不同模拟情景间木材产量和碳汇量的差异均不显著。对木材生产策略 TMS 而言,情景 T1 的木材产量呈显著下降趋势,其中第 1 分期木材产量约为 $2377.33×10^3 m^3$,而第 10 分期则仅为 $0.30×10^3 m^3$;相反规划期内碳汇量则从第 1 分期的 $-1576.57×10^3 t$ 变为第 10 分期的 $287.88×10^3 t$。情景 T2 和 T3 的木材产量和碳汇量均较为接近,这同样可能是由于所采用的最大连续采伐面积约束相对较大所致。情景 T4 的木材产量最低,但各分期木材产量更为均衡。对多目标管理策略 MMS 而言,各情景 M1-M4 的木材产量和碳汇量均与木材管理策略(情景 T1-T4)较为接近。对资源约束型策略 RMS 而言,情景 R1-R4 各分期内的木材产量差异不明显,但碳汇量呈显著的下降趋势(R1 和 R2 例外)。随着规划分期的增加,第 1 分期内 4 种情景的碳汇量差异相对较大,达 $189.94×10^3 t$,而第 10 分期的差异则相对较小,仅为 $32.23×10^3 t$。此外,随着最低碳汇目标的持续增加,同一分期内各情景(R1-R4)木材产量呈显著降低趋势,而碳汇量呈显著增加趋势。

字母 C、M、T 和 R 分别代表碳汇管理策略、多目标管理策略、木材管理策略和资源约束型策略;数字 1~4 分别代表 2 种所列的不同约束条件。

10.3 讨论与结论

10.3.1 讨 论

碳价格在森林经营规划中是一个重要的因素,其不仅显著影响最优方案的经济效益,也显著影响最优方案所产生的木材产量和碳汇量。模拟结果表明:当碳价格从 0 美元·t^{-1} 增加到 500 美元·t^{-1} 时,规划期内碳汇量呈显著增加趋势,而木材产量却显著降低。综合来看,能够有效平衡研究区域森林碳汇和木材生产的最低碳价格应为 100 美元·t^{-1},但该数值可能会存在一定的高估,这可能是因为:①规划模型中仅考虑了森林生态系统内乔木层的碳储量,而非全部碳储量(如林下植被、土壤等);②森林经营规划中的一些不确定性因素(如火灾)并未考虑,但对于长期的经营决策这些优势极为必要的;③国家对森林经营的一些补贴(如中幼龄林抚育)和保护(如天保工程)政策并未考虑。从经营优化角度来看,国内外学者已经开展了大量的碳价格对规划期内碳汇效应的影响研究(如 Backéus et al., 2006; Raymer et al., 2011)。基于这些模拟结果,研究者可进一步将模型输出的碳汇量作为因变量,而将碳价格作为自变量,进而构建特定规划期内碳汇量与碳价格间的统计学模型,这可能对指导具体的森林经营实践更具价值(表 10-2)。

第 10 章
约束形式对森林空间经营决策的影响

收获均衡约束是世界范围内许多森林经营规划模型中都必须包含的部分(如 Boston & Bettinger, 1999; Murray, 1999; Seidl et al., 2007; Dong et al., 2015), 这些约束对充分利用经营单位内人力、物力和财力,以及促进这些林业企业的可持续发展都具有重要意义(Martins et al., 2014)。模拟结果表明:各情景内收获均衡约束均对规划结果具有显著的影响,即当采用20%的收获均衡约束时,TMS 和 MMS 策略中的木材经济收益可显著减少约29.34%和25.08%。该结果与 Baskent 和 Keles (2009)的报道基本一致(24.08%)。但在 CMS 管理策略中,收获均衡约束使规划期内木材收益增加了大约5.10%,这可能是由于该策略内木材产量相对较低,其木材收获量仅为其余管理策略的9.13%左右。收获均衡约束虽有利于实现可持续发展目标,但其最大弊端是相邻分期内的木材产量相互制约(Bettinger et al., 2007),不利于充分合理的利用区域内的森林资源。需要特别说明的是,上述研究仅从木材供应的角度考虑收获均衡约束对最大化经济收益的影响,但并未考虑木材市场的实际需求。在林业研究领域,Johnson 和 Scheurman (1997)给出了一个能够兼顾实际木材生产和市场需求能力的规划模型。因此,如何有效估计木材市场需求并将其加入收获均衡约束中,则所获得的结果更符合森林经营实际。

空间约束已经成为国内外一些森林经营规程(Boston & Bettinger, 2004)或森林认证标准(Sustainable Forestry Initiative, 2015)中的重要内容。采伐措施的邻接和绿量约束是林业领域中应用最为广泛的空间约束形式。许多研究表明,增加连续采伐面积或降低绿量约束窗口能够增加森林经营者的经济收益,但这些行为极有可能引起严重的景观和野生动物生境的破碎程度(Boston & Bettinger, 2004; Martins et al., 2014; Borges et al., 2015; Dong et al., 2015)。本研究中,邻接约束(0 个约束期)对规划结果的影响均不显著,即 CMS、TMS 和 MMS 管理策略中的经济收益仅分别减少了约5.10%、0.40%和1.31%。原因可能为:①研究区域内小班的平均面积(19.15 hm^2)显著小于所规定的最大连续采伐面积(40 hm^2);②本研究中每个林分的候选经营措施数量高达30 个左右,均显著高于其他学者的研究,这两方面因素导致本研究空间约束的作用明显弱于其他学者的报道(Crowe & Nelson, 2005; Boston & Bettinger, 2006; Tóth et al., 2013)。但本研究进一步发现,当将绿量约束期从0 分期延长到2 个分期时,邻接约束将会显著影响最优经营方案,其总经济收益将分别下降约4.48%(CMS 策略)、17.87%(TMS 策略)和15.73%(MMS 策略)。

资源约束在增加森林碳汇中占据着重要的地位,这可能与具体的森林经营目标有关。模拟结果表明,随着最低碳汇目标的持续增加,林分采伐逐渐以低强度的择伐为主,同时规划期内为采伐面积持续增加。对 RMS 管理策略而言

(情景 R1-R4)，最小的碳汇目标每增加1%，其对应的经济收益将减少29.44美元·$hm^{-2}·a^{-1}$，木材产量将减少 0.45m^3·hm^{-2}·a^{-1}，而对应的碳汇量可增加0.26 t·hm^2·a^{-1}，这些均与 Keles 和 Baskent(2007)的研究结果一致(即碳汇增加量1.06 t·hm^2·a^{-1}，而木材产量减少5.23 m^3·hm^2·a^{-1})。但不同经营规划研究中木材的减少量和碳汇的增加量均与研究区域的林分特征和规划模型有关。

  对空间明确的经营规划模型，研究者通常采用 Johnson 和 Scheurman(1977)提出的模型 I 的形式进行构造，因而当决策变量数相对较少时，研究者可采用传统的线性规划平台来求解(如 GLPK、CBC、CPLEX、GUROBI 或 LINGO)。此外，国内外学者也提出了一些改进版的线性规划方法(Tóth et al.，2013)，如广义管理单元方法(Generalized Management Units)、木桶式原理(Bucket Formulation)、最优路径公式(Path Formulation)和聚类公式方法(Cluster Packing Formulation)等，这些方法在一定程度上能够处理规模相对较小的空间规划问题。但当规划模型变得更为复杂、规模更大时，这些改进的线性规划方法仍不能满足优化求解的需要，即可能需要更多的运行时间和内存。现阶段，很多研究均表明模拟退火算法能够产生高质量的目标解，且其与线性规划的结果非常接近(如 Bettinger et al.，2002；Pukkala & Kurttila，2005)。采用 Bettinger 等 (2009)等提出的自检验方法，本研究结果表明各规划情景目标函数值的变异系数介于3.71%~13.98%，表明模拟退火算法的稳定性相对较高。从研究角度来看，国内外学者针对启发式算法的弊端也提出了一些优化措施，如邻域搜索(Dong et al.，2015)、混合搜索(Li et al.，2010)、逆转搜索(Bettinger et al.，2015)等。

  本研究虽然在森林碳汇和木材复合经营方案进行了有益尝试，但仍存在以下问题：在碳汇核算方面仅考虑乔木层碳储量，而未涉及林下植被层、土壤层、枯落物层以及木材产品的碳库。从林业领域现有文献来看，Backéus 等(2006)；Baskent 和 Keles(2009)；Baskent 等(2011)已经将木材产品的碳库分解加入传统的规划模型中；Seidl 等(2007)和 Bottalico 等(2016)则进一步尝试采用 InVEST 模型将更细致的碳汇核算过程加入经营规划中，对本研究具有重要的借鉴意义。需要注意的是，在碳汇核算中，如果允许收集采伐剩余物做为生物质能源，则势必会从林地中移除大量的营养物质，这反过来会影响土壤肥力和林地生产力(Mack et al.，2014)，进而影响森林生态系统的碳汇强度(Powers et al.，2005)。但这种相互反馈机制从理论上来说是很难用模型来量化的，因此现阶段也很难将其整合到规划模型中。

10.3.2 结　论

以大兴安岭塔河林业局盘古林场为例,本研究建立了一个能够兼顾碳汇和木材生产的经营规划模型,并量化了一系列经济和生态约束对森林经营规划结果的影响。结果表明:碳价格与规划期内木材产量、碳汇量及其经济收益间均呈显著的非线性关系,其中碳价格与总经济收益和碳汇收益均可采用二次多项式描述(R^2 = 0.9996 和 0.9970),与碳汇量和期末碳储量则可采用逻辑斯蒂曲线描述(R^2 = 0.9830 和 0.9730),与木材产量和木材收益则可采用负向逻辑斯蒂曲线描述(R^2 = 0.9890 和 0.9902)。当碳价格为 100 美元·t^{-1} 时,能够有效平衡区域内森林木材生产和碳汇间的关系。

除 CMS 策略外,当碳价格为 20 美元·t^{-1} 时,本研究所测试的各种空间和非空间约束均显著影响最优的森林经营方案。其中,当采用 20% 的均衡收获约束时,规划期内经济收益可显著减少约 29.34%(TMS)和 25.08%(MMS);当采用 2 个分期的绿量约束时,规划期内经济收益将继续减少约 17.87% 和 15.73%;当增加最低碳汇量目标 1% 时,RMS 管理策略内的经济收益将显著减小约 29.44 美元·hm^{-2}·a^{-1}。

第 11 章
经营策略对森林空间经营规划的影响

积极地森林管理能够为人类社会提供一系列的产品和服务。但全球人口的持续增长,世界范围内许多森林产品和服务功能均已严重超出了可持续发展的水平。例如,我国虽然森林资源总量位居世界前列,据估计我国森林总蓄积量已从 19 世纪 80 年代的 90.28×10^8 m^3 增长到现在的 175.60×10^8 m^3,增长率达 94.51%(国家林业和草原局,2019),但由于人口的迅速增加,我国人均木材产量却未发生显著增长,其中 19 世纪 80 年代为 9.37 $m^3 \cdot 人^{-1}$,而 21 世纪 10 年代仅为 9.98 $m^3 \cdot 人^{-1}$。因此,如何在有限的林地上合理安排各种经营措施以满足人们对森林产品和服务的各种需求进而实现森林资源的可持续发展,一直是国内外研究的重点和难点。

森林规划能够有效优化各种经营措施的时间和空间分布,进而有助于实现各种各样的经营目标,是当今国内外森林经营和研究领域的热门方向。早期,经营规划主要关注一定林地面积上木材产量、经济收益等目标(Bettinger et al.,2002),但随着社会公众关注目标的变化,现阶段森林经营规划主要致力于在传统的经营规划模型中加入各种各样的生态服务功能。特别地,因很多生态服务功能均与景观结构有关,因此在经营规划模型基础上考虑各种经营措施的空间配置也受到广泛关注。例如,增加采伐林分的聚集度可以有效降低采伐成本(Öhman & Eriksson, 2010),而增加成过熟林分的聚集度则有利于促进野生动物生境的连通性(Kurttila et al., 2002),因此各种各样的空间约束被加入到了经营规划模型中(Murray, 1999; Chen & Gadow, 2002; Pukkala & Kurttila, 2005)。收获邻接和绿量约束有利于收获斑块或生境斑块的连通性,是近 20 年空间经营规划中最常采用约束形式之一(Murray, 1999; McDill et al., 2002; Tóth et al., 2013; Borges et al., 2015)。此外,邻接约束不仅有利于聚集或离散各种经营措施在空间上的分布,也有利于调整各种采伐斑块的形状、大小和连通性,进而有利于创建和维护特定的景观结构,这无疑有利于促进森林各种生态效益的持

第11章
经营策略对森林空间经营规划的影响

续发挥(Baskent & Keles, 2005)。因此，在不违背森林生态系统内部规律和功能的前提下，如何有效安排各种经营措施进而实现森林综合效益的最大化是林业研究中的一项巨大挑战。

近些年，一些重要的生态服务功能和产品已经被整合到森林经营规划模型中，如碳汇(Backeus et al.，2005；Seidl et al.，2007)、水源涵养(Başkent et al.，2009，2011；Hayati et al.，2015)、水土保持(Başkent et al.，2011)、生境保护(Bettinger & Boston，2008；Pukkala et al.，2012)和生物多样性维持(Marshalek et al.，2014)等。但现有研究多重视如何将各种各样的生态服务功能整个到规划模型中，却忽略不同管理策略或模式对经营规划的影响。仅 Baskent 等(2008，2011)尝试评估了木材管理策略、多功能管理策略和不采伐策略对森林木材、碳汇、释氧、水源和土壤等方面价值的影响。但需要注意的是，这种比较结果与研究林分的结构、生长率、管理方式以及气候状况等因素密切相关(Baskent et al.，2008)。因此，任何一个特定案例的研究结果并不能形成普适结论，需要更多的研究进行验证和校准。此外，现有研究也并未考虑不同的空间约束形式对规划结果的影响。因此，本章将以 Baskent 等(2008，2011)的研究为基础，进一步探讨不同管理策略对我国东北地区经营单位尺度森林经营的影响。

受全球气候持续变化和国内外一些相关策影响，将森林碳汇目标整合到规划模型中正受到越来越多的重视(Backeus et al.，2005；Seidl et al.，2007；Baskent et al.，2008，2011；Raymer et al.，2011；Dong et al.，2015)。因此，本章的核心目标是评估不同管理策略对我国东北地区经营单位尺度森林木材和碳汇复合经营的影响。具体研究目标包括：①建立一个基于碳汇木材复合经营的空间规划模型；②根据我国经营实践和未来发展趋势，生成4种不同的管理策略；③从经济收益、木材生产和碳汇量角度评估不同管理策略的影响。

11.1 材料与方法

11.1.1 规划模型

为量化不同经营管理策略对森林碳汇和木材复合经营的影响，本研究构建了一个战术级的经营规划模型，其以规划期内木材生产和碳汇收益的经济效益最大化为目标。规划周期为50年，可细分为10个5年分期。考虑到研究区域内森林资源数量和质量均已发生显著退化，因此本次规划严格禁止皆伐作业。根据区域内当前森林经营实践(国家林业局，2016)，采用3种不同蓄积强度的择伐作业活动，即低强度(10%)、中强度(20%)和重强度(30%)。为了避免对中幼龄林过早的采伐，分别假设针叶类林分最小采伐年龄为60年，而阔叶类林分的最小采伐年龄为40年。

林分蓄积采用 Wang(2012)所建立的林分级生长模型进行预测。各材种材积采用黑龙江地方材种出材率表(DB23/T 870—2004)、林分类型、平均胸径和林分蓄积进行估计。考虑到林下植被层、枯落物层、土壤层和木材产品碳储量的不确定性和空间异质性，本章同样仅考虑林地上乔木层碳储量，因此某个特定规划分期内的碳汇量等价于两个相邻分期林地上活立木碳储量的差值(董利虎，2015)。在计算森林经营的净现值时，经营收益采用规划期内木材产量、碳汇量及其各自的价格进行估计。其中，各材种木材价格采用黑龙江省林业厅2012年活立木指导价格；碳价格采用我国碳市场的实际交易价格，即20美元·t^{-1}。规划期内，所有木材产品、碳汇及其经济收益均按小班进行计算，且采用3%的贴现率进行折现。

采用模拟退火算法对所建立的经营规划模型进行优化求解。SA 算法属于典型的邻域搜索技术，能够获得离散型、凸包型规划问题的高质量目标解。SA 算法的核心是其允许以一定的概率接收恶化解(Metropolis et al., 1953; Bettinger et al., 2002)，这有利于 SA 算法探索更多的解空间，从而增加了算法获得高质量目标解的概率。由于本研究规划模型中每个决策变量均是针对单个林分进行的，因此其余属于 Johnson 和 Scheurman(1977)所定义的模型 I 结构。据此，本章所建立的完整规划模型可表示为：

$$\text{Max } Z = NPV^{\text{timber}} + NPV^{\text{carbon}} \quad (11\text{-}1)$$

满足

$$NPV^{\text{timber}} = \sum_{i=1}^{M} \sum_{j=1}^{N} \sum_{t=1}^{T} npv_{ijt}^{\text{timber}} x_{ijt} \quad (11\text{-}2)$$

$$NPV^{\text{carbon}} = \sum_{i=1}^{M} \sum_{j=1}^{N} \sum_{t=1}^{T} npv_{ijt}^{\text{carbon}} x_{ijt} \quad (11\text{-}3)$$

$$TH = \sum_{t=1}^{T} H_t = \sum_{t=1}^{T} \left(\sum_{i=1}^{M} \sum_{j=1}^{N} v_{ijt} x_{ijt} \right) \quad (11\text{-}4)$$

$$(1-\alpha)H_{t-1} \leq H_t \leq (1+\alpha)H_{t+1} \quad t \in [2, T-1] \quad (11\text{-}5)$$

$$C_t = \sum_{i=1}^{M} \sum_{j=1}^{N} c_{ijt} x_{ijt} \quad \forall t \quad (11\text{-}6)$$

$$TC = \sum_{t=1}^{T} (C_t - C_{t-1}) \quad (11\text{-}7)$$

$$TC \geq \beta \cdot TC^* \quad (11\text{-}8)$$

$$A_i \cdot x_{ijt} + \sum_{k \in N_i \cup S_i} \sum_{m=1}^{T_m} A_k \cdot x_{kjm} \leq U_{\max} \quad \forall i \quad (11\text{-}9)$$

$$\sum_{t=1}^{T} x_{ijt} \leq 1 \quad \forall i \tag{11-10}$$

$$x_{ijt} \in \{0, 1\} \tag{11-11}$$

式中：Z 为碳汇和木材的综合经济效益；NPV^{timber} 和 NPV^{carbon} 分别为规划期内木材和碳汇的经济收益；npv_{ijt}^{timber} 和 npv_{ijt}^{carbon} 分别为第 $i(i=1,\cdots,M)$ 个林分在第 t ($t=1,\cdots,T$) 分期采用第 $j(j=1,\cdots,N)$ 种经营措施时所获得的木材和碳汇经济收益，其中 M、T 和 N 分别为小班数量、规划分期数和经营措施数量；x_{ijt} 和 x_{kjm} 均为 0-1 型决策变量，当第 i（或 k）在第 t（或 m）分期被安排经营措施 j 时，其值为 1；否则，其值为 0；v_{ijt} 为第 i 个小班在第 t 分期采用第 j 种经营措施时的收获蓄积；c_{ijt} 为第 i 个小班在第 t 分期采用第 j 种经营措施时的碳汇量；TH 和 TC 分别为整个规划期内的木材产量和碳汇量；A_i 和 A_k 分别为 i 和 k 个小班的面积；H_t 和 H_{t-1} 分别为第 t（或 $t-1$）分期的木材产量；C_t 和 C_{t-1} 分别为第 t（或 $t-1$）分期林地上活立木的碳储量；α 表示采伐的木材蓄积在第 t 和 $t+1$ 分期间的波动比例，本研究假设 $\alpha = 10\%$，即 $H_t \in [0.9 \cdot H_{t-1}, 1.1 \cdot H_{t+1}]$；$\beta$ 表示规划期末林地上活立木碳储量较规划期初的增加比例；N_i 表示第 i 个小班的所有邻接小班集合；S_i 表示第 i 个小班的所有邻接小班（N_i）的邻接小班集合；k 表示第 i 个小班的邻接小班或者其邻接小班的邻接小班，呈无限递归装（Murray，1999）；T_m 表示某个经营分期的所有临近分期；m 表示 T_m 中的某个分期；U_{max} 表示最大的连续采伐面积。

上述方程中，式(11-1)为规划问题的目标函数，用于计算整个规划分期内的木材产量[式(11-2)]和碳汇量[式(11-3)]经济收益；式(11-4)用于计算各规划分期的木材产量(H_t)和整个规划分期内的木材产量(TH)；式(11-5)用于约束两个连续分期的木材产量的波动范围；式(11-6)用于计算各分期活立木碳储量；式(11-7)用于计算各分期碳汇量，进而累加得到整个规划期内的碳汇量；式(11-8)用于指定经营者期望的最低碳汇量目标；式(11-9)为整合了面积限制模型和绿量限制的邻接约束；式(11-10)表明各林分的采伐应满足最低的采伐年龄约束；式(11-11)则要求所有的决策变量均应为 0-1 型。规划模型中的各种采伐措施、经济效益核算等均安排在各分期的期中进行。

11.1.2 经营策略

基于上述规划模型，本研究模拟了 4 种不同的经营管理策略(表 11-1)，即不采伐策略(NIM)、传统木材生产策略(CTM)、多功能管理策略(MPM)和空间管理策略(SCM)，各种管理策略具体说明如下：

(1)不采伐策略(NIM)：该策略对区域内森林执行严格的保护策略，即所有的林分均不安排采伐作业(包括择伐)。因此,在该经营策略中,决策者期望能够最大化碳汇收益,且同时最小化木材收益。需要说明的是,式(11-8)中的变量 TC^* 仅为相邻分期中林地上活立木碳储量的差值。

(2)传统木材管理策略(CTM):该策略以规划期内最大化木材收益为经营目标,但同时也考虑规划期内的碳汇收益。与 NIM 策略相反,区域内所有林分在满足最小采伐年龄时均可进行采伐。在该策略中,还加入了收获均衡约束,这一方面是为了充分利用区域内林业企业的采伐设备和人员,另一方面也是为了保障林业企业能够获得持续的经济收入。由于我国现行的碳交易价格显著低于木材价格(仅为1/5),因此为了避免对森林的过度采伐,还在规划模型中考虑了碳汇目标的期末存量约束。需要注意的是,每个林分在整个50年的规划分期内至多允许被采伐一次。

(3)多功能管理策略(MPM):该策略以同时最大化森林碳汇和木材收益为目标。根据我国森林管理实际,MPM 策略仅有部分林分允许被采伐。根据分类经营思想,将区域内森林分为水土保持林、护路林、护岸林和商品林4类。其中,当道路与100 m 缓冲区内的小班存在交集时,将其划分为护路林;类似的,将河流与100 m 缓冲区内的小班存在交集时,将其划分为护岸林;当小班质心处坡度大于25°或土壤厚度小于30 cm 时,将其划分为水土保持林;其余林分则均归为商品林。根据上述划分标准,研究区域内约44.36%的林分属于保育区,其他林分则可按照规则安排木材生产。

(4)空间管理策略(SCM):该策略仍以最大化的碳汇和木材收益为目标,但在经营过程中各种措施的安排应考虑空间约束和绿量约束。理论上,为了满足各种各样的森林认证以及森林经营中的法律和法规,收获邻接约束和绿量约束主要应用于皆伐作业措施(Boston & Bettinger, 2006;Sustainable Forestry Initiative, 2015),但本研究将其拓展到择伐的作业措施中。

表11-1 不同管理策略中的约束条件

	均衡约束 Eq. 5	期末量约束 Eq. 8	面积约束 Eq. 9	采伐次数约束 Eq. 10	生态约束
不采伐策略					
木材生产策略	√	√		√	
多功能管理策略		√	√	√	√
空间管理策略	√	√	√	√	√

上述4种管理策略均基于 SA 算法和 Visual Basic 6.0 进行优化求解。SA 算法的初始参数设置为:初始温度=10000、终止温度=1、降温速率=0.99、每温度下重复次数=100,这些参数对应的单次迭代次数为91700次。为了最小化 SA

第 11 章
经营策略对森林空间经营规划的影响

算法的参数效应,每种模拟情景重复运行 30 次,以期统计值为基础进行比较和分析(Bettinger et al.,2009)。各种经营策略所产生的碳汇量、木材产量及其经济收益则采用最大目标函数值的经营方案进行分析和展示。

11.2 结果与分析

11.2.1 综合评价

各管理策略 30 次独立模拟的统计结果如图 11-1 所示。由于 NIM 策略施行严格保护方式,因此 NIM 策略的 30 次运行结果固定不变,其产生的经济收益仅为 $29.32×10^6$ 美元。CTM、MPM 和 SCM 策略的经济收益均显著大于 NIM 策略,分别是 NIM 策略的 9.08 倍、5.90 倍和 5.24 倍。CTM、MPM 和 SCM 策略 30 次目标函数值的变异系数分别为 0.22%、0.35% 和 0.65%,表明模拟退火算法的结果具有较好的稳定性。

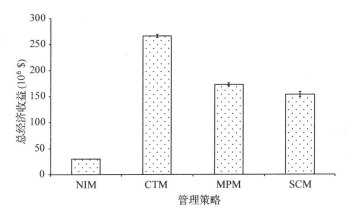

图 11-1　各种管理策略 30 次独立运行结果的统计特征

注:NIM 为不采伐策略、CTM 为传统木材生产策略、MPM 为多功能管理策略,SCM 为空间管理策略。

各种经营策略所获得的木材产量、碳汇量、期末碳储量、经营措施及其经济收益如表 11-2 所示。可以看出,NIM 策略的总经济收益最少,仅为 $29.32×10^6$ 美元;而 CTM 策略产生的经济收益最高,达到 $267.31×10^6$ 美元,其中木材收益为 $259.58×10^6$ 美元、碳汇收益为 $7.73×10^6$ 美元。与 CTM 策略相比,受环境和生态方面的约束,MPM 和 SCM 策略的经济收益分别减少了约 35.08% 和 41.82%。总的来看,随着规划模型复杂程度的增加,规划期内木材收益呈减小趋势,而碳汇收益则呈显著的增加趋势。

表 11-2　各种经营策略所获得的木材产量、碳汇量、期末碳储量、经营措施及其经济收益

管理策略	不采伐策略	传统木材生产策略	多功能管理策略	空间约束策略
总收益(10^6 美元)	29.32	267.31	173.53	155.50
木材收益(10^6 美元)	0.00	259.58	157.57	137.99
木材产量(10^6 m^3)	0.00	3.40	2.03	1.80
碳汇收益(10^6 美元)	29.32	7.73	15.97	17.51
净碳汇量(10^6 t)	2.64	0.86	1.54	1.67
碳储量*(10^6 t)	6.95	5.17	5.85	5.99
择伐面积(10^3 hm^{-2})	0.00	119.06	67.60	60.78
低强度(10^3 hm^{-2})	0.00	4.08	0.56	2.36
中强度(10^3 hm^{-2})	0.00	27.85	7.49	5.30
高强度(10^3 hm^{-2})	0.00	87.13	59.55	53.12

注：*仅包含规划期末林地上的活立木碳储量。

11.2.2　木材收获

各管理策略中木材产量随规划分期的波动如图 11-2 所示。可以看出，CTM 策略的木材产量(259.58×10^6 m^3)显著高于 MPM 策略(157.57×10^6 m^3)和 SCM 策略(137.99×10^6 m^3)。类似的，CTM 策略在规划期内的采伐总面积最大(119.06×10^6 hm^2)，而 SCM 策略的最小(60.78×10^6 hm^2)，其中重度择伐面积占 73.18%~88.08%，轻度择伐面积占 0.83%~3.88%。受均衡约束影响，4 种管理策略中各分期中木材产量近似相等，但不同管理策略中木材产量的变化趋

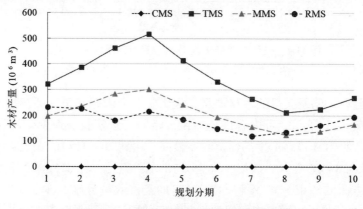

图 11-2　不同管理策略中各分期木材产量

注：NIM 为不采伐策略，CTM 为传统木材生产策略，MPM 为多功能管理策略，SCM 为空间管理策略。

势存在一定差异。其中，CTM 和 MPM 策略中的木材产量在前 4 个分期(0~20年)中呈显著增加趋势，之后呈较快的降低趋势(21~40 年)，最后从第 8 分期开始又表现出一定的增加趋势(41~50 年)。与 CTM 和 MPM 策略相比，SCM 策略的木材产量分布则更为均衡。

11.2.3 碳汇量

对于碳汇目标而言，NIM 策略的碳汇量显著高于其他管理策略($2.64×10^6$ t；表 11-2)。与 NIM 策略相比，CTM、MPM 和 SCM 策略的碳汇量分别下降了约 67.42%、41.67% 和 36.74%。各管理策略期末碳储量的变化与其碳汇量基本一致，即 NIM 的最高($6.95×10^6$ t)，而 CTM 的最低($5.17×10^6$ t)。各管理策略期末碳储量分别较期初显著增加了 20%~61.63%。类似的，各管理策略的期末林地碳密度分别为 58.25 t·hm^{-2}(NIM)、43.37 t·hm^{-2}(CTM)、49.02 t·hm^{-2}(MPM)和 50.18 t·hm^{-2}(SCM)，均较规划期初显著增加(36.14 t·hm^{-2})。对 NIN 策略而言，各分期碳汇量随着平均林分年龄的增加呈显著的降低趋势；但 CTM 和 MPM 各分期的碳汇量则呈明显的先降低(1~20 年)、后增加(21~40 年)、再降低(41~50 年)的格局。与其他策略相比，SCM 策略中各分期的碳汇量更为均衡，但呈现出轻微的下降趋势。上述结果表明，规划期内木材产量的分配格局显著影响其对应的碳汇量，表明合理安排各种采伐活动能够实现森林碳汇和木材生产综合效益的最大化。需要强调的是，规划后期(如 8~10 分期)各种管理策略碳汇量差异显著小于规划早期(如 1 分期)，表明随着林分年龄的增加，林木趋于成熟，因而林分的碳汇量相对较低(图 11-3)。

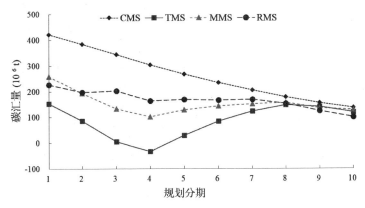

图 11-3 不同管理策略中各分期碳汇量动态变化

注：NIM 为不采伐策略，CTM 为传统木材生产策略，MPM 为多功能管理策略，SCM 为空间管理策略。

11.3 讨论与结论

11.3.1 讨 论

生态和环境类约束显著影响规划期内的木材产量、碳汇量及其经济收益。随着生态约束和邻接约束的逐渐增加，规划模型倾向于保护更多的小班以不断满足碳汇的目标而非木材生产，因此 MPM 策略中的生态约束和 SCM 策略中的空间约束是规划期内总经济收益显著下降约 39.30% 和 46.84%，这与 Eid 等 (2002)、Zhou 和 Gong (2004) 以及 Baskent 等 (2008, 2011) 的研究基本一致。但本研究进一步发现 50 年规划期内的碳汇和木材复合经济收益随着规划模型的复杂性呈显著降低趋势。该结论与 Baskent 等 (2008) 的研究存在一定差异，他们认为考虑木材、固碳、释氧的多目标管理策略的经济收益与木材生产策略接近。因此，本研究同样认为若能考虑更多的经营目标，则多功能管理策略将会产生更多的经济收益。但不同经营管理目标间往往存在着复杂的权衡关系，因此深入理解不同目标间相互作用机制是实施多功能经营管理的重要前提。

未考虑森林生态系统中的所有碳库（如林下植被层、土壤层等）是本研究中存在的重要缺陷，这极有可能引起不同经营策略中碳汇量和碳汇收益的严重低估。胡海清等 (2015) 研究指出：大兴安岭地区林下植被层碳储量占天然兴安落叶松 (*Larix gmelinii*) 林的 7.57%~41.06%，占天然白桦 (*Betula platyphylla*) 林的 1.65%~51.58%，占天然樟子松 (*Pinus sylvestris*) 林的 7.50%~28.99%，占天然蒙古栎 (*Quercus mongolica*) 林的 2.19%~61.70%，占天然杨树 (*Populus davidiana*) 林的 10.39%~47.08%，是天然林中不可忽略的重要碳库。此外，他们研究发现林下植被层碳储量随着林分年龄的增加呈显著的降低趋势。魏亚伟等 (2015) 指出天然兴安落叶松天然林中土壤储量占整个生态系统碳库的比例也高达 29.32%~56.11%。因此，精确量化和整合森林生态系统中的碳库对于实施碳汇木材复合经营具有重要作用。至今，Raymer 等 (2009) 尝试将一些常用的过程模型整合到了传统的规划模型中，其优势在于这些过程模型能够相对完整的量化整个森林生态系统内的各种碳流，包括林木生长、林木枯损、枯落物、木材分解、土壤碳释放以及林木产品替代效应等，这对本研究的继续完善具有重要意义。

受林分特征和经营参数的影响，本研究结果仅对适用于我国东北地区的经营单位，但对其他地区森林的碳汇木材复合经营具有一定的借鉴意义。需要注意是，本研究中存在以下关键参数：收获均衡中相邻分期的蓄积波动比例 (α)、规划期内碳汇量的最小目标(β)、最大连续采伐面积(U_{max})以及绿量约束期(T_m)。参数 α 和 β 是世界范围内很多森林经营规划模型中的固有参数,能够显著降低规划期内的木材产量及其经济收益(Kašpar et al., 2006);随着森林经营水平的提高和人类对生存环境的重视,参数 U_{max} 和 T_m 在近些年正变得越来越重要。对参数 T_m 而言,除了采用规划分期进行约束外,也可以使用林分的更新高度来约束。但需要注意,这些参数与林分特征、气候条件、管理政策等因素显著相关。例如,美国加利福尼亚州采用的 U_{max} 和 T_m 值分别为 8 hm^2 和 5 年,而在瑞典亚热带地区这两个参数的数值分别为 20 和 1.5m 高的云杉。Boston 和 Bettinger(2001)系统评估了一系列空间约束参数对美国东南部地区 21600 hm^2 林地经营规划结果的影响,结果表明将绿量约束期 β 从 3 年减少为 2 年时,林地经济收益将从 10 美元·hm^{-2} 减少到 6.70 美元·hm^{-2}。但有森林的空间经营规划在我国还未引起足够的重视,导致现阶段还缺乏这些参数的公认标准,因此在后续研究中结合研究区域实际情况及其各种参数值与规划结果的权衡关系制定合适可用的标准是当务之急。

11.3.2 结 论

研究结果表明,不同经营规划策略对规划期内的木材产量、碳汇量及其经济收益具有显著影响。当碳价格为 20 美元·t^{-1} 时,在传统的木材生产策略(CTM)中加入更多的环境和生态约束(如 MPM 和 SCM),能够显著降低规划期内的总经济收益约 35.08% 和 41.83%,但会显著提升规划期内的碳汇量(9.07% 和 94.19%)。规划模型中所采用的经济和生态参数能够有效约束规划期内的木材产量和各种经营措施,从而显著促进当地森林多种生态效益的持续发挥。总之,经营决策者在调整具体的经营策略时应慎重评估不同管理策略经营规划结果的影响。

第 12 章
融合经营措施的森林最优碳价格估计

当前全世界已有 46 个国家、28 个区域实施了积极地碳税或碳贸易机制来缓解全球气候变化,但当前通过碳税或碳贸易机制减排的 CO_2 量仅相当于全球年度碳释放量的 20% 左右,且这些减排量的碳价格仍普遍交期,其中约 50% 减排量的交易价格低于 10 美元·t^{-1} CO_2e(World Bank, 2019)。当国际市场的碳汇量供给大于其需求时,交易的碳价格将会降低,这极有可能降低各主体努力增加减排量的积极性,进而使这些主体转向更低廉的减排措施。理论上,各国政府或企业可以采用各种各样的方法来估计一个合适的内部碳价格用于指导其决策行为。世界银行研究表明适用于企业的内部碳价格可能介于 0.01~909 美元·t^{-1} CO_2e,而适用于政府部门的碳价格可能介于 5~400 美元·$t^{-1}$$CO_2$e。因此,掌握各个经营单位内部合适碳价格对促进碳汇林业的发展具有重要作用。

许多生物和非生物因素均能对碳汇林业的有效实施产生影响,其中碳价格无疑是最关键的因素。因此,碳价格如何影响人们在碳汇林经营决策中的行为一直是国内外研究的热点和难点。近期,很多研究者已经评估了不同管理策略对碳汇和木材生产权衡关系的影响(Backéus et al., 2006; Seidl et al., 2007; Baskent & Keles, 2009; Baskent et al., 2011)。基于所建立的规划模拟系统,这些学者也研究了不同碳价格、贴现率(Peng et al., 2018)、管理策略(Baskent et al., 2011)以及其他因素对最优经营方案的影响(Backéus et al., 2006; Dong et al., 2018; Zengin & Ünal., 2019)。模拟结果均表明,规划期内碳汇量对着碳价格的增加而持续增加,其中也有部分学者认为碳价格和碳汇量间的关系可采用 S-型曲线进行描述(Backéus et al., 2006; Guo & Gong, 2017; Qin et al., 2017; Dong et al., 2018)。前述研究中所采用的碳价格均是从碳需求的角度出发,其通常以从碳市场获得最大化的经济收益为目标,而忽略了森林生态系统的碳汇供给能力,即未考虑不同树种、发展阶段和管理措施所引起的碳汇差异。因此,从森林生态系统碳汇速率角度来看,必然存在一个最合适的内部碳价格

能够最大化该林分的碳汇量,而不仅仅是其经济收益,这可能对碳汇林业的高质量发展更具指导意义。

Backéus 等(2006)以瑞典北部森林为例首次报道了碳价格与碳汇量间的非线性关系;Qin 等(2017)从碳汇供给角度研究了我国大兴安岭地区森林碳汇和碳价格间的非线性关系,发现能够最大限度发挥森林碳汇的价格约为 20 美元·t^{-1}。但前述这些研究多集中在如何有效增加规划期内碳储量的目标,而不是研究其最大化碳汇的问题。此外,不同的管理策略也显著影响森林生态系统的碳汇,因此能够有效平衡碳汇和木材的最优碳价格也可能存在较大差异。在 Qin 等(2017)的基础上,Dong 等(2018)采用 Logistic 函数首次成功拟合了森林碳汇量和碳价格间的关系,但并未考虑如何利用这种关系来估计有效的内部碳价格。因此,本研究以 Qin 等(2017)和 Dong 等(2018)的研究为基础,进一步采用统计学方法来研究在合适经营背景下的最优内部碳价格问题。

因此,本章核心目标是采用统计学方法研究能够最大化大兴安岭盘古林场在不同管理模式下,最大碳汇量所对应的最优内部碳价格(注意本章的研究与前述不同,目标是为了最大化规划期内碳汇量而不是总经济收益)。不同经营情景下所获得的碳价格和碳汇量均采用 Logistic 函数进行拟合,进而基于 Logistic 函数的特征以其拐点处的价格作为其最优的内部碳价格、以其拐点处的碳汇量作为其最大碳汇速率。此处所模拟的经营情景包括不同的管理策略、规划周期和贴现率。

12.1 材料与方法

12.1.1 规划模型

规划模型以规划期内最大化碳汇和木材经济收益为目标函数。研究模拟了 3 种不同强度的择伐作业方式,即轻度择伐(10%)、中度择伐(20%)和重度择伐(30%),模拟中严禁任何形式的皆伐作业。3 种择伐作业方式必须满足最小的收获年龄约束,其中天然落叶松林、针叶混交林和针阔混交林为 60 年,而天然白桦林和阔叶混交林则为 40 年。此外,规划模型还需满足收获均衡约束和空间邻接约束。据此,规划模型的具体形式可表示为:

$$\text{Max } NPV = NPV^{\text{timber}} + NPV^{\text{carbon}} \qquad (12\text{-}1)$$

满足

$$NPV^{\text{timber}} = \sum_{i=1}^{M} \sum_{j=1}^{N} \sum_{t=1}^{T} npv_{ijt}^{\text{timber}} x_{ijt} \qquad (12\text{-}2)$$

$$NPV^{carbon} = \sum_{i=1}^{M} \sum_{j=1}^{N} \sum_{t=1}^{T} npv_{ijt}^{carbon} x_{ijt} \quad (12\text{-}3)$$

$$HV = \sum_{t=1}^{T} HV_t = \sum_{t=1}^{T} \left(\sum_{i=1}^{M} \sum_{j=1}^{N} v_{ijt} x_{ijt} \right) \quad (12\text{-}4)$$

$$B_l HV_{t-1} \leq HV_t \leq B_h HV_{t+1} \quad t \in [2, T-1] \quad (12\text{-}5)$$

$$CS_t = \sum_{i=1}^{M} \sum_{j=1}^{N} c_{ijt} x_{ijt} \quad \forall t \quad (12\text{-}6)$$

$$TC = \sum_{t=1}^{T} (CS_t - CS_{t-1}) \quad (12\text{-}7)$$

$$A_i \cdot x_{ijt} + \sum_{k \in N_i \cup S_i} \sum_{m=1}^{T_m} A_k \cdot x_{kjm} \leq U_{max} \quad \forall i \quad (12\text{-}8)$$

$$x_{ijt} + \sum_{k=1}^{N_i} \sum_{m=1}^{T_m} x_{kjm} \leq 1 \quad \forall i \quad (12\text{-}9)$$

$$\sum_{i}^{M} Age_{ijt} \geq Age_s^{min} \quad \forall t, j \quad (12\text{-}10)$$

$$\sum_{t=1}^{T} x_{ijt} \leq 1 \quad \forall i \quad (12\text{-}11)$$

$$x_{ijt} = \begin{cases} \{0\}, & \text{if } i \in \{River, Road, SoilPro\} \\ \{0, 1\}, & \text{if } i \in \{ComFor\} \end{cases} \quad (12\text{-}12)$$

上述方程中，式(12-1)用于计算规划期内木材产量和碳汇量的总经济收益；式(12-2)和式(12-3)分别用于计算规划期内木材和碳汇的经济收益；式(12-4)主要用于计算各规划分期内的木材产量(HV_t)；式(12-5)主要用于约束相邻约束期内木材产量的波动范围，本研究允许的波动最大范围为20%；式(12-6)和式(12-7)分别用于第t分期的碳汇量(CS_t)和整个规划周期内的总碳汇量(TC)；式(12-8)和式(12-9)分别用于面积限制模型(ARM)和单位限制模型(URM)形式的邻接约束；其中，URM模型严格禁止任何两个相邻的林分被同时(或在相近分期内)采伐，适用于经营单位内平均小班面积与最大连续采伐面积相近的情况下(Maximum Open Area, MOA)；ARM模型则允许在相同或相似分期内不违背MOA的约束下对多个林分进行采伐；此外，URM和ARM模型均可在绿量约束的基础上进行扩展(Zhu & Bettinger, 2008；Borges et al., 2016)。式(12-10)表示各林型的采伐均需满足最小采伐年龄约束；式(12-11)则为采伐政策约束，其要求每个林分在整个规划分期内至多被允许采伐1次；式(12-10)和式(12-11)的最终目的是为了避免对区域内林分的过度干扰；式(12-12)根据各小班的部分属性决定其决策变量的取值；其中当小班属于水土保持林、护路林或护岸林中的某一种时，则其决策变量仅能为0，即整个规划期内不允许被采伐；如果小

第 12 章
融合经营措施的森林最优碳价格估计

班属于商品林,则其决策变量可以为 0 或 1 中的一种;林分类型的划分根据国家林业局(2016)的相关标准进行,即如果某小班与道路或河流的 100 m 缓冲区存在交集,则将其归为护路林或护岸林;如果某小班的质心坡度大于 25%或其土壤厚度小于 30 cm,则将其划分为水土保持林;据此,研究区域内约有 55.64%的林地属于商品林,即允许采伐作业。

上述公式中,$M = i \in \{1, \cdots, 6421\}$ 为小班数量;$N = j \in \{1, 2, 3\}$ 为候选经营措施数量;$T = t \in \{1, \cdots, 10\}$ 为规划分期数量;A_i 和 A_k 分别为小班 i 和 k 的面积;x_{ijt} 和 x_{kjm} 均为 0-1 型决策变量,当第 i(或 k)个林分在第 t(或 m)分期被安排第 j 种经营措施时,则 x_{ijt}(或 x_{kjm})= 1;否则,x_{ijt}(或 x_{kjm})= 0;$npv_{ijt}^{\text{timber}}$ 和 $npv_{ijt}^{\text{carbon}}$ 分别表示第 i 个林分在第 t 分期被安排第 j 种经营措施时所获得的木材和碳汇收益;NPV^{timber} 和 NPV^{carbon} 分别表示整个规划周期内所获得的木材生产和碳汇经济收益;v_{ijt}^{timber} 表示第 i 个林分在第 t 分期被安排第 j 种经营措施时所收获的木材蓄积;HV_t 和 HV 分别表示第 t 分期和整个规划周期内所收获的木材蓄积;CS_t 和 TC 分别表示第 t 分期和整个规划期内的碳汇量;显然,如果 $CS_t > 0$,则表示第 t 分期内该地区林地上活立木蓄积呈明显的碳汇状态;如果 $CS_t < 0$,则表明这些森林呈明显的碳源状态;k 表示第 i 个小班的邻接小班或者其邻接小班的邻接小班,呈无限递归装(Murray,1999);N_i 表示第 i 个小班的所有邻接小班集合,即 $k \in N_i$;S_i 表示第 i 个小班的所有邻接小班(N_i)的邻接小班集合;m 表示 T_m 中的某个分期,其中 $T_m \in \{m_1 = t-2, m_2 = t-1, m_3 = t, m_4 = t+1, m_5 = t+2\}$(以 2 个约束期为例),其中 $m_z \geq 0$,若不满足则应将其从 T_m 中排除;且 $m_z \leq T$,否则也应从 T_m 中排除;T_m 表示某个分期的所有临近分期,即绿量约束;$U_{\max}$ 表示在考虑绿量约束 T_m 时的最大连续采伐面积;Age_{ijt} 表示第 i 个林分在第 t 分期被第 j 种措施采伐后的林分年龄,其中 $age_s^{\min}$ 为第 s 个林型的最小采伐年龄;$River$、$Road$、$Soil$ 和 $ComFor$ 分别表示第 i 个小班所属的经营类型,这些变量仅能为商品林、护路林、护岸林或水土保持林中的一种。

各小班蓄积和碳储量动态采用林分级的生长和收获模型进行模拟(王鹤智,2012;Dong et al.,2018),具体包括立地指数模型、直径生长模型、树高生长模型、断面积模型和蓄积模型,此外也用到了部分单木模型,如生物量模型和削度方程。这些模型均是在大量的固定样地调查数据和单木解析木数据的基础上构建的。上述模型能够提供林分生长过程中的各种详细信息,如各器官生物量、各材种蓄积量等。林分碳储量采用生物量乘以 0.45 的方式进行估计(Baskent & Keles,2009;Dong et al.,2018)。研究中所考虑的经济收益既包括各种经营活动收获的木材和碳汇的经济收益,也包括森林采伐和管理等因素的成本。由于森林生态系统中的碳平衡受活立木碳库、土壤碳库、木材碳库以及采伐、加工和运输等碳释放的影响,因此要想精确量化每个小班的碳平衡过程是十分困难的。此外,考虑到非活立木碳库巨大的不确定性和计量的复杂性,本研究所涉及的碳储量和碳汇量仅指林分中单木胸径>5 cm 的地上和地下生物量,即不考虑土壤、林下植被、枯落物以及生产缓解的碳释放。模拟过程中各种经营措施、木材产量、碳汇量和经济效益的核算均在每个分期的期中进行。

12.1.2 模拟情景

在上述规划模型的基础上通过逐渐加入空间约束的形式生成了 3 种不同的模拟情景。情景 1 为非空间规划模型,即仅包括式(12-1)至式(12-7)以及式(12-10)至式(12-12)。情景 2 是在情景 1 的基础上以 URM 的形式添加经营措施时空分布的邻接约束[式(12-9)];情景 3 同样是在情景 1 的基础上产生的,其将情景 2 中的 URM 约束形式调整为 ARM 约束[式(12-8)],以控制采伐过程中的最大连续采伐面积(48 hm^2)。情景 2 和情景 3 均在邻接约束的基础上继续考虑 1 个分期的绿量约束。以上述模拟情景为基础,系统评估不同规划周期、不同贴现率对最优内部碳价格的影响,本章模拟了 30 年、50 年、70 年和 100 年共 4 种规划周期以及 3%、6% 和 9% 共 3 种贴现率,其中假设 100 年规划周期和 6% 的贴现率为参考情景。

12.1.3 最优碳价格估计

为了估计能够有效平衡研究区域森林碳汇和木材生产权衡关系的最优内部碳价格,对每种模拟情景(管理策略、规划周期和碳价格),首先评估了 25 种不同的碳价格(即 0、5、10、15、30、50 美元·t^{-1},以及在 100 美元·t^{-1} 到 1000 美元·t^{-1} 范围内每 50 美元·t^{-1} 递增)对碳汇木材复合经营结果的影响。这些碳价格均来自世界银行报告(World Bank, 2019)及其同行的研究文献(Backéus et al., 2006;Qin et al., 2017;Dong et al., 2018)。初步结果和前期研究均表明对特定的规划问题,碳汇量早期随着碳价格的增加呈缓慢的增加趋势,之后增加速率明显上升,最后又趋于平缓,进而达到一个潜在的最大值,即碳汇量随着碳价格的增加呈典型的 S 型曲线(孟宪宇, 2006)。在系统评估基础上,尝试采用 Logistic 函数拟合碳价格及其对应碳汇量间的关系(图 12-1):

$$Y = \frac{A}{1 + m \cdot e^{-rx}} \quad (12\text{-}13)$$

式中:Y 为不同碳价格输出的碳汇量或木材产量;x 为碳价格(美元·t^{-1});A、r 和 m 为 Logistic 模型的参数估计值;根据孟宪宇(2006)的研究,Logistic 函数

第 12 章
融合经营措施的森林最优碳价格估计

存在一个拐点 $[Ln(m/r), A/2]$，其可通过使 Logistic 函数的二阶导数等于 0 来获得。显然，拐点处的横坐标 $Ln(m/r)$ 可认为是特定模拟情景下的最优内部碳价格；参数 A 则为特定规划情景下的潜在最大碳汇量；拐点处的纵坐标 $A/2$ 为特定规划情境下潜在最大碳汇量的一半；参数 $(A \cdot r/4)$ 为 Logistic 函数一阶导数等于 0 时的值，其对应上述拐点处的斜率，可表示为特定规划情景下的最优内部碳价格所对应的最大碳汇速率。

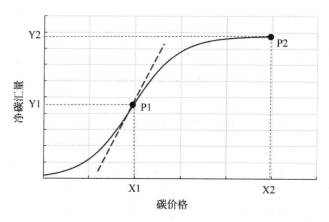

图 12-1 最优内部碳价格估计示意图

注：P1 和 P2 分别为 Logistic 模型的观点和潜在最大值，(X1, Y1) 和 (X2, Y2) 分别为 P1 和 P2 点的横纵坐标；点 P1 处的虚线表示拐点 P1 的斜率。

为了高效分析该问题，研究中所有规划情景均采用标准的模拟退火算法进行求解。该算法采用 Microsoft Visual Basic.NET 2010 平台编程实现。模拟退火算法的具体技术细节详见 Metropolis 等（1953），Bettinger 等（2002）和 Dong 等（2018），此处不再赘述。概括的来说，模拟退火算法属于典型的邻域搜索技术，多数学者研究均表明其能够产生较高质量的目标解（Bettinger et al., 2002）。在对一系列参数测试的基础上，最终确定模拟退火算法的初始温度、终止温度、每温度下交互次数和冷却速率分别为 10000、1、200 和 0.99，其对应单次优化可产生约 183400 个有效经营方案。为尽量减小模拟退火算法随机性的影响，每种情景均随机重复 20 次，以其平均值为基础进行最优内部碳价格的估计。

12.2 结果与分析

12.2.1 不同情景规划结果

无论哪种规划情景，规划期内木材产量均随着规划周期的增加而增加，但随着贴现率的增加而降低（表12-1）。此外，研究相邻分期间木材的增量随着规划周期的增加而增加，但随着贴现率的增加而降低。对于一个特定的规划周期和贴现率组合，非空间规划问题的目标蓄积均显著大于 ARM 和 URM 情景。采用不同规划问题所获得的木材产量的相对变化率来表征不同空间约束形式的影响，即 RD = (URM_{timber} − NON_{timber})/NON_{timber} ×100%，其中 URM_{timber}、ARM_{timber}、NON_{timber} 分别表示 URM、ARM 和 NON 规划问题的木材产量。对于一个特定的规划周期，URM 与 NON 情景间的 RD 值随着贴现率的增加而降低。当规划周期为 30 年时，若贴现率从 3% 增加到 9% 时，则其 RD 值将从 9.72% 降低到 9.49%；当规划周期为 100 年时，若贴现率从 3% 增加到 9% 时，则其 RD 值将从 8.00% 降低到 3.26%。对于一个特定的贴现率，URM 情景与 NON 情景间木材产量的 RD 值随着规划周期的增加而显著下降；当采用 3% 的贴现率时，若规划周期从 30 年增加到 100 年，则其 RD 值将从 9.72% 降低到 8.00%；当采用 9% 的贴现率时，若规划周期从 30 年增加到 100 年，则其 RD 值将从 9.49% 降低到 3.26%。对 ARM 情景和 NON 情景而言，RD 值随贴现率和规划周期的变化趋势与前述规律相同。

表12-1 不同模拟情景、规划周期和贴现率对规划期内木材产量、碳汇量和碳储量的影响

规划周期（年）	贴现率 %	情景	木材生产（10^3 m^3）		碳汇量（10^3 t）		碳储量（10^3 t）	
			平均值[1]	标准差[2]	平均值[1]	标准差[2]	平均值[1]	标准差[2]
30	3	NON	807.2850	782.9577	1500.9426	575.3713	5812.1710	575.3713
		ARM	766.9967	718.5626	1539.5197	511.7870	5850.7482	511.7870
		URM	728.8364	669.9654	1569.4807	466.0865	5880.7090	466.0866
	6	NON	778.3203	733.1723	1520.7336	541.5515	5831.9618	541.5515
		ARM	738.8295	668.8833	1558.4759	478.7294	5869.7041	478.7295
		URM	703.5506	629.9151	1582.6504	444.5296	5893.8786	444.5295
	9	NON	764.4377	699.1419	1531.7793	516.7022	5843.0074	516.7021
		ARM	725.0951	637.1212	1567.5345	456.7936	5878.7626	456.7937
		URM	691.8860	593.4959	1592.6720	418.1601	5903.9002	418.1603

第 12 章
融合经营措施的森林最优碳价格估计

（续）

规划周期（年）	贴现率 %	情景	木材生产(10^3 m^3)		碳汇量(10^3 t)		碳储量(10^3 t)	
			平均值[1]	标准差[2]	平均值[1]	标准差[2]	平均值[1]	标准差[2]
50	3	NON	1041.6380	756.2583	2225.8516	431.4082	6537.0797	431.4083
		ARM	988.0122	686.2920	2261.4731	378.0142	6572.7013	378.0141
		URM	950.2213	651.7120	2280.9642	352.7381	6592.1925	352.7382
	6	NON	976.8106	682.7448	2256.3619	390.7076	6567.5901	390.7078
		ARM	932.4292	624.0167	2286.4223	343.3935	6597.6506	343.3936
		URM	899.8192	580.8034	2305.1058	315.5144	6616.3342	315.5144
	9	NON	957.1492	645.0849	2265.9873	367.2451	6577.2155	367.2452
		ARM	920.8144	584.3634	2293.9203	321.9863	6605.1486	321.9862
		URM	896.6680	553.0286	2307.7867	300.6035	6619.0150	300.6036
70	3	NON	1247.7726	684.0926	2695.3236	294.8837	7006.5518	294.8835
		ARM	1185.0614	617.6977	2723.9614	256.1235	7035.1897	256.1234
		URM	1143.9304	583.9935	2738.6893	239.2818	7049.9175	239.2819
	6	NON	1153.4824	603.2667	2725.0949	261.2020	7036.3231	261.2021
		ARM	1115.8178	544.6835	2745.2135	228.1326	7056.4418	228.1326
		URM	1083.7869	519.6849	2756.6320	214.3582	7067.8603	214.3582
	9	NON	1143.8064	573.4547	2726.4166	249.1451	7037.6449	249.1449
		ARM	1107.9116	511.2316	2747.0816	215.8390	7058.3100	215.8389
		URM	1104.2673	481.2341	2747.5853	200.2220	7058.8135	200.2220
100	3	NON	1481.4142	558.8292	3127.4106	156.5920	7438.6391	156.5920
		ARM	1414.4326	508.5077	3144.8227	137.3908	7456.0510	137.3907
		URM	1362.8939	479.3898	3155.7982	127.0420	7467.0265	127.0420
	6	NON	1377.4066	496.0328	3145.4862	139.1273	7456.7145	139.1270
		ARM	1351.0518	441.3119	3156.3257	120.4691	7467.5541	120.4690
		URM	1329.9880	421.5530	3161.2798	112.2867	7472.5082	112.2866
	9	NON	1391.6416	464.3655	3136.5872	131.4909	7447.8154	131.4909
		ARM	1359.0327	390.2208	3151.9721	111.2187	7463.2004	111.2186
		URM	1346.3290	363.3352	3157.1330	101.6087	7468.3612	101.6088

注：1) 表示 25 个碳价格对应的木材产量、碳汇量和碳储量的平均值；2) 表示 25 个碳价格对应的木材产量、碳汇量和碳储量的标准值；NON 表示非空间规划问题；ARM 表示面积约束模型；URM 表示单位限制模型。

与木材生产目标不同，规划期内碳汇量和期末碳储量始终随着规划周期和贴现率的增加而增加（表12-1）。3个模拟情境中，规划期内碳汇量和期末碳储量均表现为URM>ARM>NON，而其RD值则整体随着规划周期和贴现率的增加而降低。需要特别说明的是，对URM问题而言，当规划周期为100年时，采用9%贴现率时的碳汇量（3157.1330×10^3 t）略低于6%时的碳汇量（3161.2798×10^3 t）。但不同规划周期（或贴现率）间碳汇量的增长量相对较小，仅为0.28%左右。

12.2.2 最优碳价格估计

图12-2给出了各规划情境下木材产量和碳汇量随碳价格的变化规律，可以看出其均呈典型的非线性变化趋势。因本章目标是估计不同管理策略下能够平衡森林木材生产和碳汇目标的最优内部碳价格，因此此处仅建立了各情景下碳汇量与碳价格间的统计学模型（表12-2），而未涉及木材产量。结果表明，各情景中碳汇量与碳价格间的关系均可采用 Logistic 函数进行描述，其拟合系数（R^2）均大于0.97；不同规划情景下的 Logistic 函数拐点存在显著差异；其中，估计的内部最优碳价格（表12-2中的 X 值）介于 114.82~367.41 美元·t^{-1}，且随着贴现率和模型复杂程度的增加而降低，但随着规划周期的增加而增加。特定规划情境下，潜在最大碳汇量（表12-2中的 A 值）介于 1900.61×10^3 ~ 3379.07×10^3 t（即 2.81~5.49 t·美元$^{-1}$·hm^{-2}），且随着规划周期、贴现率和规划模型

表12-2 不同规划情景下碳价格与碳汇量的 Logistic 函数参数估计值及其拐点

规划周期（年）	贴现率（%）	规划问题	参数估计值			确定系数 R^2	X 值[1]（t·美元$^{-1}$）	Y 值[2]（10^3 t）	速率[3]（10^3 t·美元$^{-1}$）
			A	m	r				
30	3	NON	1900.6100	26.1818	0.0223	0.9934	146.6588	950.3050	10.5783
		ARM	1913.1700	8.9198	0.0158	0.9949	138.8410	956.5850	7.5384
		URM	1924.2200	4.9853	0.0125	0.9942	128.2425	962.1100	6.0262
	6	NON	1906.5900	14.5351	0.0186	0.9931	143.8627	953.2950	8.8680
		ARM	1918.6600	5.8521	0.0134	0.9936	132.3050	959.3300	6.4054
		URM	1926.8100	3.9989	0.0115	0.9943	120.9335	963.4050	5.5208
	9	NON	1910.1300	9.7182	0.0159	0.9936	142.6242	955.0650	7.6138
		ARM	1921.9000	4.5758	0.0118	0.9937	129.2083	960.9500	5.6552
		URM	1929.5600	3.1347	0.0099	0.9937	114.8390	964.7800	4.7993

第 12 章
融合经营措施的森林最优碳价格估计

（续）

规划周期（年）	贴现率（%）	规划问题	参数估计值 A	m	r	确定系数 R^2	X 值[1]（t·美元$^{-1}$）	Y 值[2]（10^3 t）	速率[3]（10^3 t·美元$^{-1}$）
50	3	NON	2561.1400	13.6893	0.0148	0.9920	177.3255	1280.5700	9.4480
		ARM	2577.4100	5.5670	0.0105	0.9918	163.5569	1288.7050	6.7638
		URM	2585.6700	3.9712	0.0091	0.9919	150.9323	1292.8350	5.9063
	6	NON	2574.3400	6.7615	0.0116	0.9910	165.1183	1287.1700	7.4495
		ARM	2586.4700	3.5853	0.0087	0.9899	145.9749	1293.2350	5.6560
		URM	2593.9100	2.6338	0.0075	0.9911	128.9346	1296.9550	4.8707
	9	NON	2582.0300	4.8170	0.0096	0.9893	163.4253	1291.0150	6.2098
		ARM	2592.1900	2.8494	0.0075	0.9895	139.6145	1296.0950	4.8604
		URM	2601.9100	2.2843	0.0065	0.9888	126.4829	1300.9550	4.2483
70	3	NON	2958.1500	9.9857	0.0105	0.9915	218.2223	1479.0750	7.7984
		ARM	2975.5200	4.4985	0.0076	0.9883	198.5927	1487.7600	5.6327
		URM	2985.2700	3.3649	0.0066	0.9881	183.9876	1492.6350	4.9220
	6	NON	2974.1100	4.8983	0.0081	0.9873	196.1590	1487.0550	6.0226
		ARM	2983.8600	2.9030	0.0062	0.9865	170.6830	1491.9300	4.6578
		URM	2999.3600	2.3639	0.0053	0.9874	160.9867	1499.6800	4.0071
	9	NON	2981.0100	4.0086	0.0070	0.9890	199.5175	1490.5050	5.1862
		ARM	2999.1900	2.4607	0.0052	0.9802	174.3361	1499.5950	3.8727
		URM	2983.5200	2.1165	0.0049	0.9798	151.7126	1491.7600	3.6861
100	3	NON	3299.5000	13.3085	0.0082	0.9881	316.2760	1649.7500	6.7508
		ARM	3318.4100	5.8523	0.0058	0.9858	304.3119	1659.2050	4.8167
		URM	3336.3400	4.0948	0.0047	0.9853	299.8124	1668.1700	3.9219
	6	NON	3310.1700	6.1645	0.0063	0.9898	287.6494	1655.0850	5.2326
		ARM	3331.7000	3.5694	0.0044	0.9877	287.4825	1665.8500	3.6865
		URM	3362.7000	3.0289	0.0035	0.9915	318.8146	1681.3500	2.9222
	9	NON	3307.2300	5.6945	0.0057	0.9893	304.3746	1653.6150	4.7252
		ARM	3328.7500	3.4879	0.0041	0.9935	306.6519	1664.3750	3.3903
		URM	3379.0700	2.9463	0.0029	0.9942	367.4091	1689.5350	2.4845

注：1) Logistic 函数估计出的 X 坐标即为最优的内部碳价格；2) Logistic 函数估计出的 Y 坐标即为最优内部碳价格时的潜在最大碳储量；3) 速率（Rate）表示采用最优内部碳价格时研究区域森林的最大碳汇速率；NON 表示非空间规划问题；ARM 表示面积约束模型；URM 表示单位限制模型；$X = \text{Ln}(m/r)$、$Y = A/2$、$Rate = (A \cdot r/4)$ 分别表示 Logistic 函数拐点处的横坐标、纵坐标及其斜率。

森林空间经营规划——碳汇+木材生产

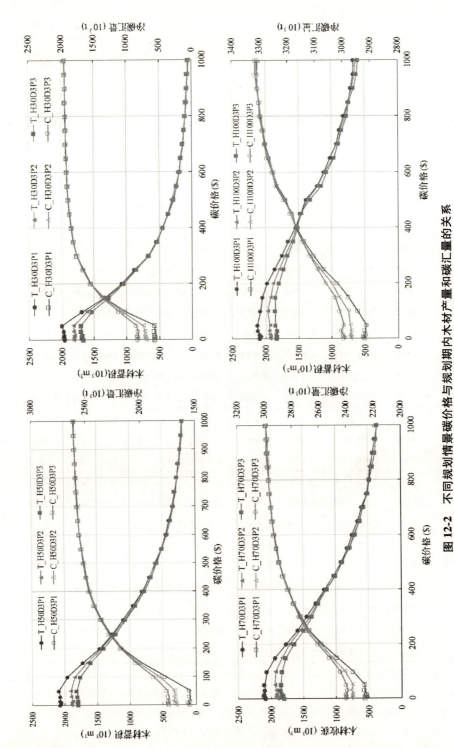

图 12-2 不同规划情景碳价格与规划期内木材产量和碳汇量的关系

注:T_H50D3P1 和 C_H50D3P1 分别表示采用 50 年规划分期、3%贴现率、非空间规划问题中的木材产量和碳汇量,P1~P3 分别表示非空间规划问题、ARM 问题和单位限制问题。

复杂性的增加而增加($P < 0.05$)。因此，各条 Logistic 曲线拐点处的纵坐标值(表12-2中的 Y 值)为$[950.3050×10^3, 1689.5350×10^3]$ t。最后，可得到各规划情景下的最优碳汇速率，其介于 $2.4845×10^3 \sim 10.5783×10^3 t·美元^{-1}$(即$0.02 \sim 0.09 t·美元^{-1}·hm^{-2}$)。不同规划情景下的最大碳汇速率随着规划周期、贴现率以及规划模型复杂性的增加而降低。

12.2.3 基于估计碳价格的经营方案

以50年规划分期、6%的贴现率为基础，分别采用 NON、ARM 和 URM 规划情景的最优内部碳价格($165.1183 t·美元^{-1}$、$145.9749 t·美元^{-1}$、$128.9346 t·美元^{-1}$；表12-2)进行经营模拟。输出结果表明，3 种情景下的总经济收益高达 $162.3616×10^6 \sim 192.2248×10^6$ 美元，其中规划期内碳汇收益约占总经济收益的50%左右(表12-3)。规划期内 NON 情景的木材产量为 $1.5518×10^6 m^3$，而 ARM 情景为 $1.5068×10^6 m^3$、URM 为 $1.5464×10^6 m^3$，即各种情景中每年每公顷的采伐量均接近 $0.34 m^3$。整个规划期内总碳汇量均超过了 $2×10^6$ t，即区域内森林每年每公顷可固定 0.45t 碳。各情景中期末活立木碳储量接近 $6.3×10^6$ t，表明规划期内林地碳密度从期初的 $45.06 t·hm^{-2}$ 增加到了期末的 $70.70 t·hm^{-2}$。规划期内择伐面积均接近 $47×10^3 hm^2$，其中中度择伐面积比例最大，达到 38.24% ~ 45.66%，而轻度择伐比例最低，仅为 22.94% ~ 24.67%。

表12-3 基于最优内部碳价格的经营方案，其中贴现率为6%、规划分期为50年

变量	非空间模型[1]	面积限制模型[2]	单位限制模型[3]
总收益(10^6 美元)	192.2248	176.6734	162.3616
木材收益(10^6 美元)	74.3112	75.3360	74.6445
木材产量(10^6 m^3)	1.5518	1.5608	1.5464
碳汇收益(10^6 美元)	117.9136	101.3374	87.7171
碳汇量(10^6 t)	2.0666	2.0341	2.0182
碳储量(10^6 t)	6.3778	6.3454	6.3295
择伐面积(10^3 hm^2)	47.3520	47.6480	47.2620
轻度择伐(%)	23.44	22.94	24.67
中度择伐(%)	45.66	43.06	38.24
重度择伐(%)	30.90	34.00	37.09

注：1) NON 模型的碳价格为 $165.1183 t·美元^{-1}$；2) ARM 模型的碳价格为 $145.9749 t·美元^{-1}$；3) URM 模型的碳价格为 $128.9346 t·美元^{-1}$。

不同情景规划期内各分期木材产量介于 $92.12 \times 10^3 \sim 236.51 \times 10^3$ m³，均存在一个明显的极大值点(第 2~3 分期)和极小值点(第 7~8 分期)，但相邻分期间的木材产量均满足 20%的收获均衡约束(图 12-3)。各分期碳汇量介于 $100.99 \times 10^3 \sim 329.65 \times 10^3$ t，均随着规划分期的增加呈显著的降低趋势，但不同规划情景同一分期间的碳汇量差异不显著(图 12-3)。进一步统计发现，各规划情景中幼龄林的碳汇速率显著大于老龄林($P < 0.05$)，其中第 1 分期的碳汇速率约为 1.30 t·hm⁻²·a⁻¹)，而第 7 分期的碳汇速率仅约为 0.17 t·hm⁻²·a⁻¹)。此外，阔叶类林分的碳汇速率显著大于针叶类林分，但其碳汇效应的持续时间相对较短(图 12-4)。在采用最优内部碳价格(即 NON、ARM 和 URM 情景的碳价格分别为 165.1183 t·美元⁻¹、145.9749 t·美元⁻¹、128.9346 t·美元⁻¹)所生成的经

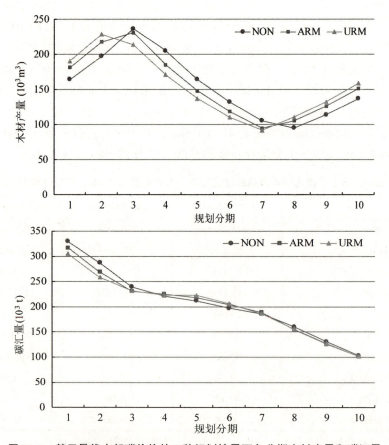

图 12-3 基于最优内部碳价格的 3 种规划情景下各分期木材产量和碳汇量

注：NON、ARM 和 URM 规划情景的碳价格分别为 165.1183 t·美元⁻¹、145.9749 t·美元⁻¹、128.9346 t·美元⁻¹；模拟情景采用 5%的贴现率和 50 年的规划分期。

营方案中，URM 和 ARM 情景内各种经营措施的时空分布较 NON 情景更为离散，表明邻接约束和绿量约束能够显著优化区域内景观的结构(图 12-5)。

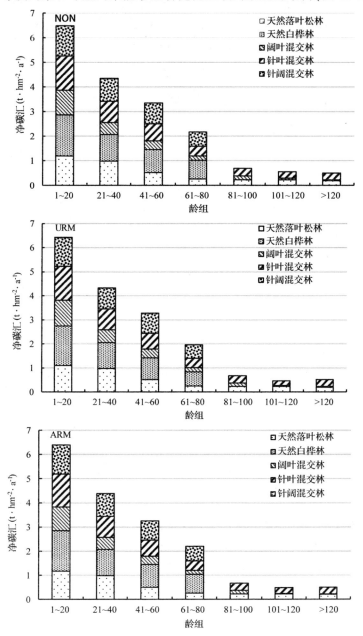

图 12-4 基于最优内部碳价格的不同规划情景中各林分类型和龄组对应的碳汇量

注：NON、ARM 和 URM 规划情景的碳价格分别为 165.1183 t·美元$^{-1}$、145.9749 t·美元$^{-1}$、128.9346 t·美元$^{-1}$；采用 5% 的贴现率和 50 年的规划分期进行模拟。

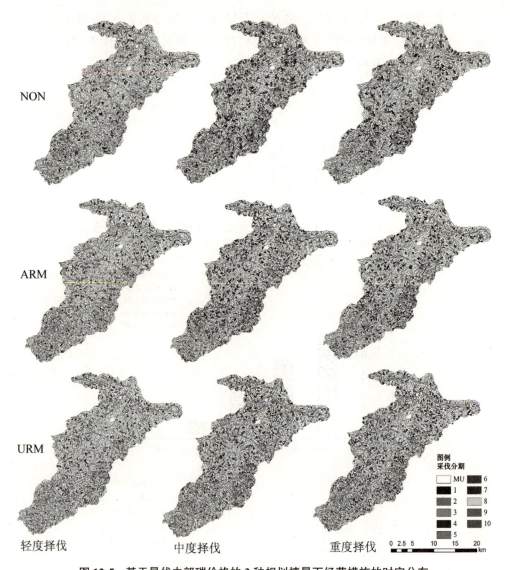

图 12-5　基于最优内部碳价格的 3 种规划情景下经营措施的时空分布

注：NON、ARM 和 URM 规划情景的碳价格分别为 165.1183 t·美元$^{-1}$、145.9749 t·美元$^{-1}$、128.9346 t·美元$^{-1}$；采用 5% 的贴现率和 50 年的规划分期进行模拟。

12.3 讨论与结论

12.3.1 讨 论

在碳汇林业中，碳价格往往对经营决策有显著影响。国内外众多学者研究结果均表明经营期内碳汇量会随着碳价格的增加呈显著的增加趋势，而木材产量则呈显著的降低趋势(Peng et al., 2018; Zengin & Ünal., 2019)，且受非线性约束等因素的影响，特定规划期内碳价格与碳汇量间多呈典型的非线性趋势(Backéus et al., 2006; Dong et al., 2018)。此外，林木生长过程中的蓄积和碳汇速率随林分年龄的非线性变化趋势也会显著影响上述曲线的变化(Lei et al., 2016)。

从林分生长过程以及估计的 Logistic 曲线拐点出发，本章提出将 Logistic 曲线拐点的横坐标[$Ln(m/r)$]作为特定经营情景下的最优内部碳价格，将其纵坐标($A/2$)作为特定经营情景下的潜在最大碳汇量，将该拐点处的斜率作为特定经营情景下的最大碳汇速率($A \cdot r/4$)。研究结果也表明，Logistic 曲线能够很好地解释特定规划情境下碳汇量随碳价格的变化趋势，其确定系数 R^2 值高达 0.97 以上。据此，估计的各种模拟情景下的最优内部碳价格介于 114.84~367.41 美元·t^{-1}，该值显然大于当前国际上最大的碳交易价格(即瑞士的碳税价格 35 美元·t^{-1}; World Bank, 2019)。但本研究所估计的经营单位尺度最优内部碳价格从技术层面来看仍然是合理的，且研究结果符合国际上的一些报道。例如，Sohngen(2009)从国际碳贸易和碳税机制出发，认为在未来 100 年内能够使全球气候升温幅度小于 2 ℃ 的最低碳价格应为 100 美元·t^{-1} CO_2e; Qin 等(2017)则表明能够有效平衡我国大兴安岭地区森林碳汇和木材生产目标的最低碳价格接近于 120 美元·t^{-1}。更重要的是，世界银行以能够将全球升温幅度控制 2℃ 以内的角度出发，估计碳排放企业的内部碳价格应介于 0.01~909 美元·t^{-1} CO_2e，而政府制定的碳税途径的内部碳价格则应为 5~400 美元·t^{-1} CO_2e(World Bank, 2019)。除上述结果外，本研究进一步发现，经营单位尺度内部碳价格随着贴现率和模型复杂性的增加而降低，但随着规划周期的增加而增加(表 12-2)。该结果表明，当前国内外碳汇林业中的碳价格仍相对较低，亟需通过各种途径来全面提升碳价格，进而增加碳汇林业的激励作用。鉴于当前的清洁发展机制和我国的认证减排项目均只承认造林和再造林所产生的碳汇，但我们的研究表明，科学合理地经营天然林同样能够固定和储存大量的碳，因此建议在实际的碳交易过程中也应考虑天然林的碳汇作用，这对于我国偏远地区的林区来说具有重要意义。

收获均衡约束和空间邻接约束均显著影响规划期内的经济收益(Dong et al.,2018),但从实际的经营角度来说,增加空间约束也是极为必要的。与 NON 情景相比,ARM 和 URM 中的空间约束能够显著降低规划期内的经济收益约 4.08% 和 7.03%,其对应的经济损失可达到约 1 美元·hm^{-2},这与 Boston 和 Bettinger(1999)、Borges 等(2015)以及 Huang 等(2019)的结论一致。但本研究进一步发现 ARM(或 URM)情景与 NON 情景间的差异随着规划周期和贴现率的增加而降低。例如,对木材生产而言,ARM 与 URM 间的差异从 30 年规划期的 9.61% 降低到了 100 年规划期的 4.90%,而他们间的差异则从 3% 贴现率的 8.70% 降低到了 9% 贴现率的 5.63%,这与 Borges 等(2015)的研究结果一致。本研究中,URM 规划情景内单个林分的空间邻接约束数量介于 2~22 个,其平均值为 5.46 个、标准差为 1.90 个,因而整个规划问题的邻接约束数量高达 35040 个。显然,如此高数量的空间邻接约束会使 ARM 和 URM 情景的求解难度显著大于 NON 情景,因而 ARM(或 URM)与 NON 间目标函数值的差异会随着模型复杂性的增加而增加。例如,Dong 等(2015)研究表明对模拟的栅格数据而言,URM 约束和非空间约束目标函数值间的差异约为 2.78%;而对真实的景观数据而言,其差异会显著增加到 11.78%。因此,林分空间关系的复杂性如何影响空间规划和非空间规划目标函数值间的差异仍有待于进一步研究。

在 50 年规划周期、6% 贴现率情景的基础上,采用各规划问题最优内部碳价格的模拟结果表明:空间约束能够显著降低规划期内总经济收益约 8.09% (ARM)和 15.54%(URM)。3 个模拟情景中,碳汇经济收益均超过总经济收益的 50%,其中 NON、ARM 和 URM 分别为 61.34%、57.36% 和 54.03%,表明碳汇林业可能较传统的木材生产模式具有更高经济效益(Pukkala,2018)。此外,统计结果表明,在当前我国森林经营策略下(国家林业局,2016),规划期末区域内碳密度较期初显著增加了约 56.46%。同时,随着规划模型复杂性的增加,各种经营措施采伐面积的分配也更为均匀,且其时空分布也更为离散,这可能更有利于森林多种效益的持续发挥。

12.3.2 结 论

本章提出了一种经营单位尺度最优内部碳价格的估计方法,其能够用于平衡碳汇林业生产中的碳汇和木材生产目标。该方法的核心思想是:采用 Logistic 函数拟合不同规划模型输出的碳价格及其碳汇量,进而以该函数的拐点作为经营单位尺度最优的内部碳价格,且以该拐点处的切线斜率作为特定经营策略下的最大碳汇速率。为了说明该方法的有效性,将其应用于 3 种不同复杂程度的经营规划模型中,并系统评估了不同经营周期和贴现率对最优内部碳价格的影响。模拟结果表明,Logistic 函数能够有效模拟不同情景下碳价格与碳汇量间的关系,且其 R^2 值高达 0.97 以上;估计的最优内部碳价格介于 114.84~367.41 美元·t^{-1},且其随着贴现率、模型复杂性的增加而降低,但随着规划周期的增加而增加。需要说明的是,本研究中忽略的部分关键因素(如碳释放过程),可能造成规划期内碳汇量和内部碳价格的高估,因此如何量化这些因素对不同规划情景中最优内部碳价格的影响仍有待进一步研究。

参考文献

包旭, 2013. 火烧干扰对大兴安岭落叶松苔草湿地生态系统碳储量的影响[D]. 哈尔滨: 东北林业大学.

蔡兆炜, 孙玉军, 施鹏程, 2014. 基于非线性度量误差的杉木相容性生物量模型[J]. 东北林业大学学报, 42(09): 28-32.

曹旭鹏, 李建军, 刘帅, 等, 2013. 基于MO-GA的洞庭湖森林生态系统经营的理想空间结构模型[J]. 生态学杂志, 32(12): 3136-3144.

曹杨, 陈云明, 晋蓓, 等, 2014. 陕西省森林植被碳储量、碳密度及其空间分布格局[J]. 干旱区资源与环境, 28(9): 69-73.

曾伟生, 唐守正, 2010. 利用度量误差模型方法建立相容性立木生物量方程系统[J]. 林业科学研究, 23(6): 797-802.

曾伟生, 1998. 再论加权最小二乘法中权函数的选择[J]. 中南林业调查规划, 17(3): 9-11.

陈百灵, 朱玉杰, 董希斌, 等, 2015. 抚育强度对大兴安岭落叶松林枯落物持水能力及水质的影响[J]. 东北林业大学学报, 43(8): 46-49+70.

陈伯望, Gadow K V, 2008. 德国北部挪威云杉林可持续经营计划中空间目标的优化[J]. 林业科学研究, 21(3): 279-288.

陈伯望, Gadow K V, Vilcko F V, 等, 2006. 德国北部挪威云杉林可持续经营中期计划的实例分析[J]. 林业科学研究, 19(5): 541-546.

陈伯望, 惠刚盈, Gadow K V, 2003. Tabu搜索法在森林采伐量优化问题中的应用[J]. 林业科学研究, 16(1): 26-31.

陈伯望, 惠刚盈, Gadow K V, 2004. 线性规划、模拟退火和遗传算法在杉木人工林可持续经营中的应用和比较[J]. 林业科学, 40(3): 80-87.

成向荣, 虞木奎, 葛乐, 等, 2012. 不同间伐强度下麻栎人工林碳密度及其空间分布[J]. 应用生态学报, 23(5): 1175-1180.

成向荣, 虞木奎, 吴统贵, 等, 2012. 立地条件对麻栎人工林碳储量的影响[J]. 生态环境学报, 21(10): 1674-1677.

董利虎, 2015. 东北林区主要树种及林分类型生物量模型研究[D]. 哈尔滨: 东北林业大学.

董灵波, 2016. 基于模拟退火算法的森林多目标经营规划模拟[D]. 哈尔滨: 东北林业大学.

董灵波, 刘兆刚, 2012. 樟子松人工林空间结构优化及可视化模拟[J]. 林业科学, 48(10):

77-85.

董灵波, 刘兆刚, 李凤日, 2015. 大兴安岭盘古林场森林景观的空间分布格局及其关联性[J]. 林业科学, 51(7): 28-36.

董灵波, 孙云霞, 刘兆刚, 2017. 基于碳和木材目标的森林空间经营规划研究[J]. 北京林业大学学报, 39(1): 52-61.

董灵波, 孙云霞, 刘兆刚, 2018. 基于模拟退火算法的森林空间经营规划[J]. 南京林业大学学报: 自然科学版, 42(1): 133-140.

段劼, 马履一, 贾忠奎, 等, 2010. 抚育强度对侧柏人工林林下植物生长的影响[J]. 西北林学院学报, 25(5): 128-135.

樊登星, 于新晓, 岳永杰, 等, 2008. 北京市森林碳储量及其动态变化[J]. 北京林业大学学报, 30(增2): 117-120.

范叶青, 周国模, 施拥军, 等, 2013. 地形条件对毛竹林林分结构和植被碳储量的影响[J]. 林业科学, 49(11): 177-182.

方精云, 1999. 森林群落呼吸量的研究方法及其应用的探讨[J]. 植物学报, 41(1): 88-94.

方精云, 2012. 全球变化与碳排放[Z]. 上海: 第九届复旦大学生态学高级讲习班.

方精云, 郭兆迪, 朴世龙, 等, 2007. 1981—2000年中国陆地植被碳汇的估算[J]. 中国科学(D辑: 地球科学), 37(6): 804-812.

方精云, 刘国华, 朱彪, 等, 2006. 北京东灵山三种温带森林生态系统的碳循环[J]. 中国科学(D辑), 36(6): 533-543.

方精云, 王效科, 刘国华, 等, 1995. 北京地区辽东栎呼吸量的测定[J]. 生态学报, 15(3): 235-244.

高慧淋, 李凤日, 贾炜玮, 等, 2014. 两种方法预估红松立木含碳量的精度分析[J]. 生态学报, 34(24): 7365-7375.

郭超, 周志勇, 康峰峰, 等, 2014. 太岳山森林碳储量随树种组成的变化规律[J]. 生态学杂志, 33(8): 2012-2018.

郭福涛, 苏漳文, 马祥庆, 等, 2014. 大兴安岭塔河林地区雷击火发生驱动因子综合分析[J]. 生态学报, 35(19): 6439-6448.

国家林业局, 2011. 中国林业发展区划: 功能区区划篇[M]. 北京: 中国林业出版社.

国家林业局, 2016. 全国森林经营方案(2016—2050). 北京: 国家林业局.

国家林业和草原局, 2019. 中国森林资源报告: 2014—2018[M]. 北京: 中国林业出版社.

何鹏, 张会儒, 雷相东, 等, 2013. 基于地统计学的森林地上生物量估计[J]. 林业科学, 49(5): 101-109.

侯元兆, 2002. 森林环境价值核算[M]. 北京: 中国科学技术出版社.

胡海清, 罗碧珍, 魏书精, 等, 2015. 大兴安岭5种典型林型森林生物碳储量[J]. 生态学报, 35(17): 5745-5760.

胡欣欣, 王李进, 2011. 基于离散粒子群优化算法的造林规划设计[J]. 莆田学院学报, 18(2): 33-37.

胡艳波, 惠刚盈, 2006. 优化林分空间结构的森林经营方法探讨[J]. 林业科学研究, 19(1): 1-8.

黄从德, 张健, 杨万勤, 等, 2007. 四川森林植被碳储量的时空变化[J]. 应用生态学报, 18(12): 2687-2692.

黄国胜, 马炜, 王雪军, 等, 2014. 东北地区落叶松林碳储量估算[J]. 林业科学, 50(6): 167-174.

黄家荣, 1993. 龙里林场多目标规划森林调整[J]. 云南林业调查规划, 4: 1-10.

黄家荣, 杨世逸, 1993. 龙里林场多目标规划森林调整[J]. 云南林业调查规划, 4: 1-10.

黄贤松, 吴承祯, 洪伟, 等, 2013. 杉木人工林碳收获预估技术研究[J]. 自然资源学报, 28(2): 349-359.

黄兴召, 孙晓梅, 张守攻, 等, 2014. 辽东山区日本落叶松生物量相容性模型的研究[J]. 林业科学研究, 27(2): 142-148.

惠刚盈, Gadow K V, 胡艳波, 等, 2004. 林木分布格局类型的角尺度均值分析方法[J]. 生态学报, 24(6): 1225-1229.

惠刚盈, 胡艳波, 2001. 混交林树种空间隔离程度表达方式的研究[J]. 林业科学研究, 14(1): 23-27.

惠刚盈, 盛炜彤, Gadow K V, 等, 1994. 杉木人工林收获模型系统的研究[J]. 林业科学研究, 7(4): 353-358.

惠刚盈, 赵中华, 袁士云, 2011. 森林经营模式评价方法: 以甘肃小陇山林区为例[J]. 林业科学, 47(11): 114-120.

季波, 王继飞, 何建龙, 等, 2014. 宁夏贺兰山自然保护区青海云杉林的有机碳储量[J]. 草业科学, 31(8): 1445-1449.

焦燕, 胡海清, 2005. 黑龙江省森林植被碳储量及其动态变化[J]. 应用生态学报, 16(12): 2248-2252.

李海奎, 雷渊才, 曾伟生, 2011. 基于森林清查资料的中国森林植被碳储量[J]. 林业科学, 47(7): 7-12.

李海奎, 赵鹏翔, 雷渊才, 等, 2012. 基于森林清查资料的乔木林生物量估算方法的比较[J]. 林业科学, 48(5): 44-52.

李建强, 2010. 内蒙古大青山白桦单木生物量模型及碳储量的研究[D]. 呼和浩特: 内蒙古农业大学.

李平, 肖玉, 杨洋, 等, 2014. 天津平原杨树人工林生态系统碳储量[J]. 生态学杂志, 33(3): 567-574.

林晗, 洪滔, 陈辉, 等, 2010. 应用遗传算法的工业原料林多树种造林设计[J]. 林业科学, 46(5): 92-101.

林纹嫔, 冯丰隆, 2007. 多目标策略性森林规划: 界定林场理想森林土地利用形态之应用[J]. 台湾林业科学, 22(3): 253-263.

刘畅, 2014. 黑龙江省森林碳储量空间分布研究[D]. 哈尔滨: 东北林业大学.

刘恩, 刘世荣, 2012. 南亚热带米老排人工林碳贮量及其分配特征[J]. 生态学报, 32(16): 5103-5109.

刘恩, 王晖, 刘世荣, 2012. 南亚热带不同林龄红锥人工林碳储量与碳固定特征[J]. 应用生态学报, 23(2): 335-340.

刘莉, 刘国良, 陈绍志, 等, 2011. 以多功能为目标的森林模拟优化系统(FSOS)的算法与应用前景[J]. 应用生态学报, 22(11): 3067-3072.

刘琦, 蔡慧颖, 金光泽, 2013. 择伐对阔叶红松林碳密度和净初级生产力的影响[J]. 应用生态学报, 24(10): 2709-2716.

刘亚茜, 2012. 河北地区华北落叶松、杨树单木生物量、碳储量及其分配规律[D]. 石家庄: 河北农业大学.

马履一, 李春义, 王希群, 等, 2007. 不同强度间伐对北京山区油松生长及其林下植物多样性的影响[J]. 林业科学, 43(5): 1-9.

马炜, 孙玉军, 郭孝玉, 等, 2010. 不同林龄长白落叶松人工林碳储量[J]. 生态学报, 30(17): 4659-4667.

马泽清, 刘琪璟, 徐雯佳, 等, 2007. 江西千烟洲人工林生态系统的碳蓄积特征[J]. 林业科学, 43(11): 1-7.

孟蕾, 程积民, 杨晓梅, 等, 2010. 黄土高原子午岭人工油松林碳储量与碳密度研究[J]. 水土保持通报, 30(2): 133-137.

孟宪宇, 2006. 测树学, 4版[M]. 北京: 中国林业出版社.

孟莹莹, 包也, 郭焱, 等, 2014. 长白山风倒区自然恢复26年后土壤碳氮含量特征[J]. 生态学杂志, 33(7): 1757-1761.

明安刚, 张志军, 谌红辉, 等, 2013. 抚育间伐对马尾松人工林生物量和碳贮量的影响[J]. 林业科学, 49(10): 1-6.

牟长城, 庄宸, 韩阳瑞, 等, 2014. 透光抚育对长白山"栽针保阔"红松林植被碳储量影响[J]. 植物研究, 34(4): 529-536.

区援, 王雪莲, 2007. 基于禁忌算法的多约束集装箱装载问题研究[J]. 中国航海, 4: 73-76.

戎建涛, 雷相东, 张会儒, 等, 2012. 兼顾碳贮量和木材生产目标的森林经营规划研究[J]. 西北林学院学报, 27(2): 155-162.

戎建涛, 刘殿仁, 林召忠, 等, 2011. 东北过伐林区主要森林类型林分蓄积量生长模型[J]. 林业科技开发, 25(1): 30-34.

邵卫才, 邓华锋, 胡丽秋, 2013. 基于空间约束的村级森林收获调整研究[J]. 西北农林科技大学学报, 41(1): 149-154.

宋铁英, 郑跃军, 1989. 异龄林收获调整的动态优化及其计算机仿真[J]. 林业科学, 25(4): 330-339.

孙静, 2010. 基于地理信息系统的大规模设施选址和路径规划[J]. 大连海事大学学报, 36(4): 51-54.

孙晓芳, 岳天祥, 范泽孟, 等, 2013. 全球植被碳储量的时空格局动态[J]. 资源科学, 35

(3): 782-791.

汤孟平, 2003. 森林空间结构分析与优化经营模型研究[D]. 北京: 中国林业科学研究院.

汤孟平, 唐守正, 雷相东, 等, 2004. 林分择伐空间结构优化模型研究[J]. 林业科学, 40(5): 25-31.

唐凤德, 韩士杰, 张军辉, 2009. 长白山阔叶红松林生态系统碳动态及其对气候变化的影响[J]. 应用生态学报, 20(6): 1285-1292.

唐守正, 张会儒, 胥辉, 2000. 相容性生物量模型的建立及其估计方法研究[J]. 林业科学, 36(1): 19-27.

田大伦, 王新凯, 方晰, 等, 2011. 喀斯特地区不同植被恢复模式幼林生态系统碳储量及其空间分布[J]. 林业科学, 47(9): 7-14.

王才旺, 1991. 同龄林收获调整的多目标数学规划模型[J]. 河南农业大学学报, 25(3): 307-319.

王飞, 2013. 兴安落叶松天然林碳密度与碳平衡研究[D]. 呼和浩特: 内蒙古农业大学.

王国华, 李际平, 赵春燕, 2012. 基于层次分析法的森林景观边缘效应强度分析[J]. 中南林业科技大学学报, 32(4): 110-116.

王鹤智, 2012. 东北林区林分生长动态模拟系统的研究[D]. 哈尔滨: 东北林业大学.

王秀云, 孙玉军, 马炜, 2011. 不同密度长白落叶松林生物量与碳储量分布特征[J]. 福建林学院学报, 31(3): 221-226.

王雪军, 黄国胜, 孙玉军, 等, 2008. 近20年辽宁省森林碳储量及其动态变化[J]. 生态学报, 28(10): 4757-4764.

王伊琨, 赵云, 马智杰, 等, 2014. 黔东南典型林分碳储量及其分布[J]. 北京林业大学学报, 36(5): 54-61.

魏亚伟, 周旺明, 周莉, 等, 2015. 兴安落叶松天然林碳储量及其碳库分配特征[J]. 生态学报, 35(001): 189-195.

吴承祯, 洪伟, 1997. 用遗传算法改进约束条件下造林规划设计的研究[J]. 林业科学, 33(2): 133-141.

肖复明, 范少辉, 汪思龙, 等, 2007. 毛竹、杉木人工林生态系统碳贮量及其分配特征[J]. 生态学报, 27(7): 2794-2801.

胥辉, 1999. 一种与材积相容的生物量模型[J]. 北京林业大学学报, 21(5): 32-36.

徐济德, 2014. 我国第八次森林资源清查结果及分析[J]. 林业经济, 36(03): 6-8.

徐新良, 曹明奎, 李克让, 2007. 中国森林生态系统植被碳储量时空动态变化研究[J]. 地理科学进展, 26(6): 1-10.

许世夫, 彭刚强, 邓文平, 等, 2013. 遗传算法对5种理论生长方程的最优拟合研究[J]. 森林工程, 29(6): 36-39.

尤文忠, 赵刚, 张慧东, 等, 2015. 抚育间伐对蒙古栎次生林生长的影响[J]. 生态学报, 35(1): 56-64.

于顺龙, 2009. 坡向、坡位对水曲柳中龄林生长与生物量分配的影响[J]. 内蒙古林业调查设计, 32(1): 54-56.

于政中, 周泽海, 1988. 应用矩阵模型及线性规划进行异龄林收获调整的初步研究[J]. 林业科学, 24(3): 282-290.

张会儒, 李凤日, 赵秀海, 等, 2016. 东北过伐林可持续经营技术[M]. 北京: 中国林业出版社.

张会儒, 赵有贤, 王学力, 等, 1999. 应用线性联立方程组方法建立相容性生物量模型研究[J]. 林业资源管理(6): 93-96.

张坤, 许世远, 王军, 2010. 模拟退火算法在生态保护区空间选址中的应用: 以澳大利亚蓝山自然保护区为例[J]. 华东师范大学学报(2): 1-8.

赵春燕, 2012. 森林景观斑块边缘效应和耦合机理研究[D]. 长沙: 中南林业科技大学.

赵敏, 2004. 中国主要森林生态系统碳储量和碳收支评估[D]. 北京: 中国科学院.

赵秋红, 肖依永, Mladenovic N, 2013. 基于单点搜索的元启发式算法[M]. 北京: 科学出版社.

周传艳, 周国逸, 王春林, 等, 2007. 广东省森林植被恢复下的碳储量动态[J]. 北京林业大学学报, 29(2): 60-65.

周国模, 1989. 目标规划在同龄林收获调整中的应用[J]. 北京林业大学学报, 11(4): 39-46.

朱臻, 沈月琴, 张耀启, 等, 2012. 碳汇经营目标下的林地期望价值变化及碳供给: 基于杉木裸地造林假设研究[J]. 林业科学, 48(11): 112-116.

Bachmatiuk J, Garcia-Gonzalo J, Borges J G, 2015. Analysis of the performance of different implementations of a heuristic method to optimize forest harvest scheduling[J]. Silva Fennica, 49(4): article 1326.

Backéus S, Wikstrom P, Lämås T, 2006. Modeling carbon sequestration and timber production in a regional case study[J]. Silva Fennica, 40(4): 615-629.

Barrett T M, Gilless J K, Davis L S, 1998. Economic and fragmentation effects of clearcut restrictions[J]. Forest Science, 44(4): 569-577.

Baskent E Z, Jordan G A, 1995. Characterizing spatial structure of forest landscapes[J]. Canadian Journal of Forest Research, 25(11): 1830-1849.

Baskent E Z, Jordan G A, 2002. Forest landscape management modeling using simulated annealing[J]. Forest Ecology and Management, 165(1): 29-45.

Baskent E Z, Keles S, Kadıoğulları A I, et al., 2011. Quantifying the effects of forest management strategies on the production of forest values: timber, carbon, oxygen, water, and soil[J]. Environmental Modeling and Assessment, 16(2): 145-152.

Baskent E Z, Keles S, Yolasigmaz H A, 2008. Comparing multipurpose forest management with timber management, incorporating timber, carbon and oxygen values: a case study[J]. Scandinavian Journal of Forest Research, 23(2): 105-120.

Baskent E Z, Keleş S, 2009. Developing alternative forest management planning strategies incorporating timber, water and carbon values: an examination of their interactions[J]. Environmental Modeling and Assessment, 14(4): 467-480.

Baskent E Z, Keles S, 2005. Spatial forest planning: a review[J]. Ecological Modelling, 188(2): 145-173.

Behjou F K, 2014. Effects of wheeled cable skidding on residual trees in selective logging in Caspian forests[J]. Small-scale Forestry, 13(3): 1-10.

Bettiner P, Graetz D, Boston K, et al., 2002. Eight heuristic planning techniques applied to three increasingly difficult wildlife planning problems[J]. Silva Fennica, 36(2): 561-584.

Bettinger P, Boston K, Kim Y H, et al., 2005. Landscape-level optimization using tabu search and stand density-related forest management prescriptions[J]. European Journal of Operational Research, 176(2): 1265-1282.

Bettinger P, Boston K, 2008. Habitat and commodity production trade-offs in coastal Oregon[J]. Socio-Economic Planning Sciences, 42(2): 112-128.

Bettinger P, Boston K, Sessions J, 1999. Combinatorial optimization of elk habitat effectiveness and timber harvest volume[J]. Environment Modelling and Assessment, 4(2): 143-153.

Bettinger P, Boston K, Sessions J, 1999. Intensifying a heuristic forest harvest scheduling procedure with paried attribute decision choices[J]. Canadian Journal of Forest Research, 29(11): 1784-1792.

Bettinger P, Boston K, Siry J P, et al., 2009. Forest management and planning[M]. Academic Press, MA, USA.

Bettinger P, Chung W, 2004. The key literature of, and trends in, forest-level management planning in North America, 1950-2001[J]. International Forestry Review, 6(1): 40-50.

Bettinger P, Demirci M, Boston K, 2015. Search reversion within s-metaheuristics: impacts illustrated with a forest planning problem[J]. Silva Fennica, 49(2): article 1232.

Bettinger P, Graetz D, Boston K, et al, 2002. Eight heuristic planning techniques applied to three increasingly difficult wildlife planning problems[J]. Silva Fennica, 36(2): 561-584.

Bettinger P, Sessions J, Boston K, 2009. A review of the status and use of validation procedures for heuristics used in forest planning[J]. International Journal of Mathematical and Computational Forestry & Natural-Resource Sciences, 1(1): 26-37.

Bettinger P, Sessions J, Boston K, 1997. Using tabu search to schedule timber harvests subject to spatial wildlife goals for big game[J]. Ecological Modeling, 94(2): 111-123.

Bettinger P, Sessions J, Johnson K N, 1998. Ensuring the compatibility of aquatic habitat and commodity production goals in eastern Oregon with a tabu search procedure[J]. Forest Science, 44(1): 96-112.

Bettinger P, Siry J, Merry K, 2013. Forest management planning technology issues posed by climate change[J]. Forest Science and Technology, 9(1): 9-19.

Borges J G, Hoganson H M, 2000. Structuring a landscape by forestland classification and harvest scheduling spatial constraints[J]. Forest Ecology and Management, 130(1): 269-275.

Borges J G, Hoganson H M, Rose D W, 1999. Combining a decomposition strategy with dynamic programming to solve spatially constrained forest management scheduling problems[J]. Forest Science, 45(2): 201-212.

Borges P, Bergseng E, Eid T, et al., 2015. Impact of maximum opening area constraints on profitability and biomass availability in forestry - a large, real world case[J]. Silva Fennica, 49(5): article id 1347.

Borges P, Eid T, Bergseng E, 2014. Applying simulated annealing using different methods for the neighbourhood search in forest planning problems[J]. European Journal of Operational Research, 233(3): 700-710.

Borges P, Martins I, Bergseng E, et al., 2016. Effects of site productivity on forest harvest scheduling subject to green-up and maximum area restrictions[J]. Scandinavian Journal of Forest Research, 31(5): 507-516.

Boston K, Bettinger P, 1999. An analysis of Monte Carlo integer programming, simulated annealing, and tabu search heuristics for solving spatial harvest scheduling problems[J]. Forest Science, 45(2): 292-301.

Boston K, Bettinger P, 2006. An economic and landscape evaluation of the green-up rules for California, Oregon, and Washington (USA)[J]. Forest Policy and Economics, 8(3): 251-266.

Boston K, Bettinger P, 2002. Combining tabu search and genetic algorithm heuristic techniques to solve spatial harvest scheduling problems[J]. Forest Science, 48(1): 35-46.

Boston K, Bettinger P, 2001. Development of spatially feasible forest plans: a comparison of two modeling approaches [J]. Silva Fennica, 35(4): 425-435.

Boston K, Bettinger P, 2001. The economic impact of green-up constraints in the southeastern United States[J]. Forest Ecology and Management, 145(3): 191-202.

Bottalico F, Pesola L, Vizzarri M, et al., 2016. Modeling the influence of alternative forest management scenarios on wood production and carbon storage: a case study in the Mediterranean region. Environmental Research, 144: 72-87.

Bourque C P A, Neilson E T, Gruenwald C, et al., 2007. Optimizing carbon sequestration in commercial forests by integrating carbon management objectives in wood supply modeling. Mitigation and Adaptation Strategies for Global Change, 12(7): 1253-1275.

Cademus R, Escobedo F J, Mclaughlin D, et al., 2014. Analyzing trade-offs, synergies, and drivers among timber production, carbon sequestration, and water yield in *pinus elliotii* forests in southeastern USA[J]. Forests, 5(6): 1409-1431.

Caro F, Constantino M, Martins I, et al., 2003. A 2-opt tabu search procedure for the multiperiod forest harvesting problem with adjacency, green-up, older growth, and even flow constraints[J]. Forest Science, 49(5): 738-751.

Chen B W, Gadow K V, 2002. Timber harvest planning with spatial objectives, using the method of simulated annealing[J]. European Journal of Operational Research, 121(1): 25-34.

Chen J Q, Song B, Rudnicki M, et al., 2004. Spatial relationship of biomass and species distribution in an old-growth Psuedotsuga-Tsuga forest[J]. Forest Science, 50(3): 364-375.

Chen Y T, Zheng C L, Chang C T, 2011. Efficiently mapping an appropriate thinning schedule for optimum carbon sequestration: an application of multi-segment goal programming[J]. Forest Ecology and Management, 262(7): 1168-1173.

Coulter E D, Sessions J, Wing M G, 2006. Scheduling forest road maintenance using the analytic hierarchy process and heuristics[J]. Silva Fennica, 40(1): 143-160.

Crowe K A, Nelson J D, 2005. An evaluation of the simulated annealing algorithm for solving the area-restricted harvest-scheduling model against optimal benchmarks[J]. Canadian Journal of Forest Research, 35(10): 2500-2509.

Crowe K, Nelson J, 2003. An indirect search algorithm for harvest scheduling under adjacency constraints[J]. Forest Science, 49(1): 1-11.

Dahhlin B, Sallnas O, 1993. Harvest scheduling under adjacency constraints- a case study from the Swedish subalpine region[J]. Scandinavian Journal of Forest Research, 8: 281-290.

Daust D K, Nelson J D, 1993. Spatial reduction factors for strata-based harvest schedules. Forest Science, 39(1): 152-165.

Deusen P C, 1999. Multiple solution harvest scheduling[J]. Silva Fennica, 33(3): 207-216.

Diaz-Balteiro L, Romero C, 2004. Sustainability of forest management plans: a discrete goal programming approach[J]. Journal of Environment Management, 71(4): 351-359.

Dixon R K, Brown S, Houghton R A, et al, 1994. Carbon pools and flux of global forest ecosystems [J]. Science, 263: 185-190.

Dong L B, Bettinger P, Liu Z G, et al., 2015. A comparison of a neighborhood search technique for forest spatial harvest scheduling problems: a case study of the simulated annealing algorithm[J]. Forest Ecology and Management, 356: 124-135.

Dong L B, Bettinger P, Liu Z G, et al., 2016. Evaluating the neighborhood, hybrid and reversion search techniques of a simulated annealing algorithm in solving forest spatial harvest scheduling problems[J]. Silva Fennica, 50(4): 1-20.

Dong L B, Bettinger P, Liu Z G, et al., 2015. Spatial forest harvest scheduling for areas involving carbon and timber management goals[J]. Forests, 6(4): 1362-1379.

Dong L B, Lu W, Liu Z G, 2018. Developing alternative forest spatial management plans when carbon and timber values are considered: A real case from northeastern China[J]. Ecological Modelling, 385: 45-57.

Dong L H, Jin X J, Pukkala T, et al., 2019. How to manage mixed secondary forest in a sustainable way? [J]. European Journal of Forest Research, 138(5): 789-801.

Dupont S, Ikonen V P, Väisänen H, et al., 2015. Predicting tree damage in fragmented landscapes using a wind risk model coupled with an airflow model[M]. Ottawa: NRC Research Press.

Edith G, Jean C H, Gerard N, 2003. The influence of site quality, silviculture and region on wood density mixed model in Quercus petraea Liebl[J]. Forest Ecology and Management, 189(1):

111-121.

Falcã A O, Borges J, 2002. Combining random and systematic search heuristic procedures for solving spatially constrained forest management scheduling models[J]. Forest Science, 48(3): 608-621.

Fang J Y, Chen A P, Zhao S Q, et al., 2002. Calculating forest biomass changes in China-response [J]. Science, 296: 1359-1359.

Fang J Y, Wang Z M, 2001. Forest biomass estimation at regional and global levels, with special reference to China's forest biomass[J]. Ecology Research, 16(13): 587-592.

Fang L Y, Chen A P, Peng C H, et al., 2001. Changes in forest biomass carbon storage in China between 1949 and 1998[J]. Science, 292: 2320-2322.

Fotakis D G, Sidiropoulos E, Myronidis D, et al., 2012. Spatial genetic algorithm for multi-objective forest planning[J]. Forest Policy and Economics, 21: 12-19.

Gilabert H, McDill M E, 2010. Optimizing inventory and yield data collection for forest management planning[J]. Forest Science, 56 (6): 578-591.

Gonzalez-Olabarria J R, Pukkala T, 2010. Integrating fire risk considerations in landscape-level forest planning[J]. Forest Ecology and Management, 261(2): 278-287.

Goodale C L, Apps M J, Birdsey R A, et al., 2002. Forest carbon sinks in the northern Hemisphere [J]. Ecology Apply, 12(3): 891-899.

Guo J G, Gong P C, 2017. The potential and cost of increasing forest carbon sequestration in Sweden [J]. Journal of Forest Economics, 29: 78-86.

Guo Z D, Fang J Y, Pan Y D, et al., 2009. Inventory-based estimates of forest biomass carbon stocks in China: a comparison of three methods[J]. Forest Ecology and Management, 259(7): 1225-1231.

Hager A, 2012. The effects of management and plant diversity on carbon storage in coffee agroforestry systems in Costa Rica[J]. Agroforestry Systems, 86(2): 159-174.

Haight R G, Travis L E, 1997. Wildlife conservation planning using stochastic optimization and importance sampling[J]. Forest Science, 43 (1): 129-139.

Hayati Z, Ünal A, Sinan D, et al., 2015. Modeling harvest scheduling in multifunctional planning of forests for longterm water yield optimization[J]. Natural Resource Modeling, 28(1): 59-85.

Heinonen T, Pukkala T, Ikonen V P, et al., 2009. Integrating the risk of wind damage into forest planning[J]. Forest Ecology and Management, 258(7): 1567-1577.

Heinonen T, Pukkala T, 2004. A comparison of one- and two- compartment neighbourhoods in heuristic search with spatial forest management goals[J]. Silva Fennica, 38(3): 319-332.

Hennigar C R, MacLean D A, Amos-Binks L J, 2008. A novel approach to optimize management strategies for carbon stored in both forests and wood products[J]. Forest Ecology and Management, 256(4): 786-797.

Hooke R, Jeeves T, 1961. "Direct search" solution of numerical and statistical problems[J]. Journal of the ACM, 8(2): 212-229.

Huang Y, Qin H, Guan Y, 2019. Assessing the impacts of four alternative management strategies on forest timber and carbon values in northeast China[J]. Scandinavian Journal of Forest Research, 34(4): 289-299.

IPCC, 2013. Climate Change 2013: The physical science basis [DB/OL]. https://www.ipcc.ch/report/ar5/wg1/.

IPCC. Good practice guidance for land use, land-use change and forestry. IPCC, Kanagawa, Japan [DB/OL]. https://www.ipcc-tfi.iges.or.jp/public/gpglulucf/gpglulucf_files/GPG_LULUCF_FULL.pdf.

Jamnick M S, Walters K R, 1993. Spatial and temporal allocation of stratum-based harvest schedules[J]. Canadian Journal of Forest Research, 23(3): 402-413.

Jessica K A, Deborah L M, George W T, 2007. Changes in understory vegetation and soil characteristics following silvicultural activities in a southeastern mixed pine forest[J]. Journal of the Torrey Botanical Society, 134(4): 489-504.

Johnson K N, Scheurman H L, 1997. Techniques for prescribing optimal harvest and investment under different objectives-discussion and synthesis[J]. Forest Science, 23(1): 1-32.

Kadiogullari A, Keles S, Baskent E Z, et al., 2015. Controlling spatial forest structure with spatial simulation in forest management planning: a case study from turkey[J]. Sains Malaysiana, 44(3): 325-336.

Kangas A S, Kangas J, Lahdelma R, et al., 2006. Using SMAA-2 method with dependent uncertainties for strategic forest planning[J]. Forest Policy and Economics, 9(2): 113-125.

Kašpar J, Perez G F E, Cerveira A, et al., 2016. Spatial considerations of an area restriction model for identifying harvest blocks at commercial forest plantations[J]. Forestry Journal, 62(3): 146-151.

Kauppi P E, Mielikainen K, Kusela K, 1992. Biomass and carbon budget of European forests, 1971 to 1990[J]. Science, 256: 70-74.

Keles S, Baskent E Z, 2007. Modeling and analyzing timber production and carbon sequestration values of forest ecosystems: a case study [J]. Polish Journal of Environment Study, 16 (3): 473-479.

Kirkpatrick S, Gelatt C D, Vecchi M P, 1983. Optimization by simulated annealing[J]. Science, 220: 671-680.

Krcmar E, Kooten G C V, Vertinsky I, 2005. Managing forest and marginal agricultural land for multiple tradeoffs: compromising on economic, carbon and structural diversity objectives[J]. Ecological Modelling, 185: 451-468.

Kurttila M, 2001. The spatial structure of forests in the optimization calculations of forest planning: a landscape ecological perspective[J]. Forest Ecology and Management, 142(1): 129-142.

Kurttila M, Muinonen E, Leskinen P, et al., 2009. An approach for examining the effects of preferential uncertainty on the contents of forest management plan at stand and holding level[J]. European Journal of Forest Research, 128(1): 37-50.

Kurttila M, Pukkala T, Loikkanen J, 2002. The performance of alternative spatial objective types in forest planning calculations: a case for flying squirrel and moose[J]. Forest Ecology and Management, 166(1): 245-260.

Kurttila M, Uuttera J, Mykra S, et al., 2002. Decreasing the fragmentation of old forests in landscapes involving multiple ownership in Finland: economic, social and ecological consequences[J]. Forest Ecology and Management, 166(1): 69-84.

Law B E, Sun O J, Campbell J, et al., 2003. Changes in carbon storage and fluxes in a chronosequence of ponderosa pine. Global Change Biology, 9: 510-524.

Lei X, Li Y, Hong L, 2016. Climate-sensitive integrated stand growth model of Changbai larch plantations[J]. Forest Ecology and Management, 376: 265-275.

Li R X, Bettinger P, Boston K, 2010. Informed development of meta heuristics for spatial forest planning problems[J]. Open Operation Research Journal, 4: 1-11.

Liu G L, Han S J, Zhao X H, et al., 2005. Optimisation algorithms for spatially constrained forest planning[J]. Ecological Modelling, 194(4): 421-428.

Liu G, Nelson J D, Wardman C W, 2000. A target-oriented approaches to forest ecosystem design-changing the rules of forest planning[J]. Ecology Modelling, 127(2): 269-281.

Lockwood C, Moore T, 1993. Harvest scheduling with spatial constraints: a simulated annealing approach[J]. Canadian Journal of Forest Research, 23(3): 468-478.

Mack J, Hatten J, Sucre E, et al., 2014. The effect of organic matter manipulations on site productivity, soil nutrients, and soil carbon on a southern loblolly pine plantation[J]. Forest Ecology and Management, 326: 25-35.

Malchow-Moller N, Strange N, Thorsen B J, 2004. Real-options aspects of adjacency constraints[J]. Forest Policy Economic, 6(3): 261-270.

Malhi Y, Wood D, Baker T R, et al., 2006. The regional variation of aboveground live biomass in old-growth Amazonian forests[J]. Global Change Biology, 12(7): 1107-1138.

Marshalek E C, Ramage B S, Potts M D, 2014. Integrating harvest scheduling and reserve design to improve biodiversity conservation[J]. Ecological Modelling, 287(287): 27-35.

Martin-Fernandez S, Garcia-Abril A, 2005. Optimisation of spatial allocation of forestry activities within a forest stand[J]. Computers and Electronics in Agriculture, 49(1): 159-174.

Martins I, Ye M, Constantino M, et al., 2014. Modeling target volume flows in forest harvest scheduling subject to maximum area restrictions[J]. TOP, 22(1): 343-362.

McDill M E, Braze J, 2000. Comparing adjacency constraint formulations for randomly generated forest planning problems with four age-class distributions[J]. Forest Science, 46(3): 423-436.

McDill M E, Rebain S A, Braze J, 2002. Harvest scheduling with area-based adjacency constraints[J]. Forest Science, 48(4): 631-642.

Meng F R, Bourque C P A, Oleford S P, et al., 2003. Combining carbon sequestration objectives with timber management planning[J]. Mitigation and Adaptation Strategies for Global Change, 8 (4): 371-403.

Metropolis N, Rosenbluth A W, Rosenbluth M N, et al., 1953. Equation of state calculations by fast computing machines[J]. Journal of Biochemical and Biophysical Methods, 21(6): 1087-1092.

Moore C T, Conroy M J, Boston K, 2000. Forest management decisions for wildlife objectives: system resolution and optimality[J]. Computers and Electronics Agriculture, 27(1): 25-39.

Muarry A T, 1999. Spatial restrictions in harvest scheduling[J]. Forest Science, 45: 45-52.

Mullen D S, Butler R M, 1997. The design of a genetic algorithm based spatially constrained timber harvest scheduling model[DB/OL]. http://www.for.msu.edu/e4/e4 ssafr97.html.

Murray A T, Snyder S, 2000. Spatial modeling in forest management and natural resource planning [J]. Forest Science, 46 (2): 153-156.

Murray A T, Weintraub A, 2002. Scale and unit specification influences in harvest scheduling with maximum area restrictions[J]. Forest Science, 48 (4): 779-789.

Murray A T, 1999. Spatial restriction in harvest scheduling[J]. Forest Science, 45: 45-52.

Nelson J, Brodie J D, Sessions J, 1991. Integrating short-term, area-based logging plans with long-term harvest schedules[J]. Forest Science, 37(1): 101-122.

O'Hara A J, Faaland B H, Bare B B, 1989. Spatially constrained timber harvest scheduling[J]. Canadian Journal of Forest Research, 19(6): 715-724.

Öhman K, Eriksson L O, 2002. Allowing for spatial considerations in long-term forest planning by linking linear programming with simulated annealing[J]. Forest Ecology and Management, 161 (1): 221-230.

Öhman K, Lämås T, 2003. Clustering of harvest activities in multi-objective long-term forest planning[J]. Forest Ecology and Management, 176(1): 161-171.

Öhman K, Eriksson L O, 2010. Aggregating harvest activities in long term forest planning by minimizing harvest area perimeters[J]. Silva Fennica, 44(1): 77-89.

Pan Y D, Birdesy R A, Fang J Y, et al., 2011. A large and persistent carbon sink in the world's forests[J]. Science, 333: 988-993.

Pasalodos-Tato M, Mäkinen A, Garcia-Gonzalo J, et al., 2013. Assessing uncertainty and risk in forest planning and decision support systems: review of classical methods and introduction of innovative approaches[J]. Forest Systems, 22(2): 282-303.

Peng W, Pukkala T, Jin X, et al., 2018. Optimal management of larch plantations in Northeast China when timber production and carbon stock are considered[J]. Annals of Forest Science, 75 (2): 1-15.

Pommerening A, 2002. Approaches to quantifying forest structures[J]. Forestry, 75(3): 305-324.

Powers M, Kolka R, Palik B, et al., 2011. Long-term management impacts on carbon storage in Lake States forests[J]. Forest Ecology and Management, 262(3): 424-431.

Powers R F, Scott D A, Sanchez F G, et al., 2005. The North American long-term soil productivity experiment: findings from the first decade of research[J]. Forest Ecology and Management, 220(1): 31-50.

Pukkala T, 2018. Carbon forestry is surprising[J]. Forest Ecosystems, 5(1): article id 11.

Pukkala T, Heinonen T, 2005. Optimizing heuristic search in forest planning[J]. Nonlinear Analysis: Real World Applications, 7(5): 1284-1297.

Pukkala T, Ketonen T, Pykalainen J. 2003. Predicting timber harvests from private forest-a utility maximization approach[J]. Forest Policy Economics, 5(3): 285-296.

Pukkala T, Kurttila M, 2005. Examining the performance of six heuristic optimization techniques in different forest planning problems[J]. Silva Fennica, 39(1): 67-80.

Pukkala T, LäHde E, Laiho O, et al., 2011. A multifunctional comparison of even-aged and uneven-aged forest management in a boreal region[J]. Canadian Journal of Forest Research, 41(4): 851-862.

Pukkala T, Miina J, 2005. Optimizing the management of a heterogeneous stand[J]. Silva Fennica, 39(4): 525-538.

Pukkala T, Nuutinen T, Kangas J, 1995. Integrating scenic and recreational amenities into numerical forest planning[J]. Landscape and Urban Planning, 32(3): 185-195.

Pukkala T, Sulkava R, Jaakkola L, et al., 2012. Relationships between economic profitability and habitat quality of Siberian jay in uneven-aged Norway spruce forest[J]. Forest Ecology and Management, 276(4): 224-230.

Qin H Y, Dong L B, Huang Y L, 2017. Evaluating the effects of carbon prices on trade-offs between carbon and timber management objectives in forest spatial harvest scheduling problems: a case study from Northeast China[J]. Forests, 8(2): 43.

Raimo S, Paavo N, Hannu H, et al., 2010. Impact of intensive forest management on soil quality and natural regeneration of Norway spruce[J]. Plant and Soil, 336(1-2): 421-431.

Raymer A K, Gobakken T, Raymer B S, et al., 2011. Optimal forest management with carbon benefits included[J]. Silva Fennica, 45(3): 395-414.

Raymer A K, Gobakken T, Solberg B, et al., 2009. A forest optimization model including carbon flows: application to a forest in Norway[J]. Forest Ecology and Management, 258(5): 579-589.

Richards E W, Gunn E A, 2003. Tabu search design for difficult forest management optimization problems[J]. Canadian Journal of Forest Research, 33(6): 1126-1133.

Ruiz-Benito P, Gomez-Aparicio L, Paquette A, et al., 2014. Diversity increases carbon storage and tree productivity in Spanish forests[J]. Global Ecology and Biogeography, 23(3): 311-322.

Saunders D A, Hobbs R J, Margules C R, 1991. Biological consequences of ecosystem fragmentation: a review[J]. Conservation Biology, 5(1): 18-32.

Seidl R, Rammer W, JäGer D, et al., 2007. Assessing trade-offs between carbon sequestration and timber production within a framework of multi-purpose forestry in Austria[J]. Forest Ecology and Management, 248(1): 64-79.

Sharp D D, Lieth H, Whigham D, 1975. Assessment of regional productivity in North Carolina[M]. New York: Springer-Verlag.

Sohngen B. 2009. An analysis of forestry carbon sequestration as a response to climate change[D]. Frederiksberg, Denmark: Copenhagen Business School, Copenhagen Consensus Center.

Stoddard M A, 2008. Long-term spatial forest management planning using the mean-value of disturbance[D]. Halifax: Dalhousie Univsrsity.

Strimbu B M, Paun M, 2012. Sensitivity of forest plan value to parameters of simulated annealing [J]. Canadian Journal of Forest Research, 43(1): 28-38.

Sustainable Forestry Initiative, 2015. SFI 2015-2019 forest management standard[M]. Washington, D. C. : Sustainable Forestry Initiative Inc.

Tóth S F, McDill M E. 2008. Promoting large, compact mature forest patches in harvest scheduling models[J]. Environment Modelling. Assessment, 13(1): 1-15.

Tóth S F, Mcdill M E, Könnyü N, et al. , 2013. Testing the use of lazy constraints in solving area-based adjacency formulations of harvest scheduling models [J]. Forest Science, 59 (59): 157-176.

Usuga J C L, Toro J A R, Alzate M V R, et al. , 2010. Estimation of biomass and carbon stocks in plants, soil and forest floor in different tropical forest[J]. Forest Ecology and Management, 260 (10): 1906-1913.

Wei Y W, Dai L M, Fang X M, et al. , 2013. Estimating forest ecosystem carbon storage under the Natural Forest Protection Program in Northeast China[J]. Advanced Materials Research, 2480: 4294-4297.

White R, Murray S, Rohweder M, 2000. Pilot analysis of global ecosystem: grassland ecosystems [M]. Washington: World Resource Institute.

Williams J C, 1998. Delineating protected wildlife corridors with multi-objective programming[J]. Environment Modelling Assessment, 3(1-2): 77-86.

Zeng H, Pukkala T, Peltola H, 2007. The use of heuristic optimization in risk management of wind damage in forest planning[J]. Forest Ecology and Management, 241(1): 189-199.

Zengin H, Unal M E, 2019. Analyzing the effect of carbon prices on wood production and harvest scheduling in a managed forest in Turkey[J]. Forest Policy and Economics, 103: 28-35.

Zhang L J, Moore J A, Newberry J D, 1993. A whole-stand growth and yield model for interior Douglas-fir[J]. West Journal of Apply Forestry, 8(4): 120-125.

Zheng H, Ouyang Z Y, Xu W H, et al. , 2007. Variation of carbon storage by different reforestation types in the hilly red soil region of southern China[J]. Forest Ecology and Management, 255(3): 1113-1121.

Zhu J P, Bettinger P, 2007. Estimating the effects of adjacency and green-up constraints on landowners of different sizes and spatial arrangements located in the southeastern U. S. [J]. Forest Policy and Economics, 10(5): 295-302.